Erkundung von Verkehrswegen in Neuländern

Von

M. Dengler
Oberingenieur

Mit 14 Abbildungen im Text

Berlin

Verlag von Julius Springer

1938

ISBN-13:978-3-642-93948-8   e-ISBN-13:978-3-642-94348-5
DOI: 10.1007/978-3-642-94348-5

Vorwort.

Bei der Bearbeitung von Verkehrsprojekten wird der Ingenieur in Neuländern meist vor Aufgaben gestellt, die in hochentwickelten Kulturländern nicht an ihn herantreten.

Er steht diesen Aufgaben meist fremd gegenüber und besonders mangelt es ihm dabei an den nötigen Erfahrungen, wie solche Aufgaben in der Praxis zweckmäßig behandelt werden.

Das vorliegende Buch soll ihm hier einige Richtlinien geben und als eine Art Leitfaden dienen. Wenn dieser Zweck erreicht wird, so ist damit die Aufgabe, der das Buch dienen soll, erfüllt.

Jena, im März 1938.

Der Verfasser.

Inhaltsverzeichnis.

I. Einleitung.

Verkehrswege dienen dazu, um auf ihnen den Verkehr von Gütern, lebenden Wesen und Nachrichten vermittels geeigneter Verkehrsmittel zu bewirken.

Man unterscheidet verschiedene Arten von Verkehrswegen, solche auf dem Lande, zu Wasser und in der Luft.

Im nachstehenden sollen nur die Verkehrswege behandelt werden, die dem Landverkehr dienen, also Eisenbahnen und Straßen.

In Neuländern, ebenso auch in wenig entwickelten Kulturländern stellen die Verbindungen zwischen den einzelnen menschlichen Ansiedlungen meist die einzigen Verkehrswege dar, die sich im Laufe der Zeit als Fußwege, Karawanenwege und einfache, meist unbefestigte Straßen herausgebildet haben.

Diese Verkehrswege sind als natürliche anzusprechen, sie tragen den modernen Anforderungen an Schnelligkeit, Billigkeit und Bequemlichkeit des auf ihnen sich abwickelnden Verkehrs keine oder nur geringe Rechnung.

Im Gegensatz hierzu stehen die künstlichen Verkehrswege wie Eisenbahnen und befestigte Straßen, die je nach ihrer Bedeutung und Bauart diesen Anforderungen mehr oder weniger voll entsprechen.

Die Anlage künstlicher Verkehrswege in Neuländern wird im allgemeinen auf die bereits vorhandenen natürlichen Verbindungen Rücksicht nehmen müssen, oder von ihnen auszugehen haben, da sich der Verkehr des betreffenden Landes bisher darauf abwickelte, sie geben daher die Hauptrichtlinien der herzustellenden modernen Verkehrswege an, oder beeinflussen und bestimmen dieselben mehr oder weniger.

Begriff und Zweck der Erkundung.

Unter Erkundung eines Verkehrsweges versteht man das Studium und die Erforschung sowohl der geographischen, topographischen und geologischen Verhältnisse, als auch insbesondere der technischen und wirtschaftlichen Verhältnisse des durch den Verkehrsweg zu erschließenden Gebiets und die auf Grund dieser Studien ermittelte günstigste Wahl und Anlage des Verkehrsweges.

Die Erkundung eines Verkehrsweges bezweckt daher die Beschaffung aller derjenigen Elemente, die benötigt werden, um an Hand derselben die in technischer und wirtschaftlicher Hinsicht zweckmäßigste Wahl des Verkehrsweges treffen zu können.

In hochentwickelten Kulturländern erübrigt sich eine Erkundung in dem vorerwähnten Umfang, da hier alle nötigen Daten teils aus den vorhandenen Karten dieser Länder, teils aus sonstigem entweder in der Öffentlichkeit oder bei Behörden erhältlichem Material ohne weiteres ersehen werden können.

Es genügt hier meist an Hand topographischer und sonstiger Karten, wenn sie mit Schichtenlinien versehen sind, die günstigste Lage des Verkehrsweges einzutragen und sich auf Grund dieser Ermittlungen durch eine Prüfung in der Natur davon zu überzeugen, ob nicht inzwischen durch Bebauung oder sonstige Anlagen, Veränderungen im Gelände entstanden sind, welche die Karten nicht aufweisen und die ihrerseits aus wirtschaftlichen oder sonstigen Gründen eine andere Wahl des Verkehrsweges angezeigt erscheinen lassen, als wie sich nach dem Studium der Karten technisch und wirtschaftlich als zweckentsprechend erwiesen hätte.

In Ländern, in denen wohl topographische Karten zur Verfügung stehen, die aber infolge ihrer Entstehung und Anfertigung nicht die Ansprüche auf die Genauigkeit erheben können, welches das Kartenmaterial in vermessungstechnisch hoch entwickelten Ländern besitzt, wird der Arbeitsvorgang sich so gestalten, daß ebenfalls an Hand der vorhandenen Kartenunterlagen die ungefähre Lage des zu erstellenden Verkehrsweges ermittelt und daran anschließend eine Bereisung der zu erschließenden Gegend ausgeführt wird.

Bei dieser Bereisung wird an Hand von Kompaßpeilungen und sonstigen geeigneten Messungen, die Richtigkeit und Vollständigkeit der Karten auf ihre Geländegestaltung nachgeprüft und dieselben entsprechend ergänzt und berichtigt, als auch andererseits vermittels barometrischer Höhenmessungen, die eventuell vorhandenen Höhenangaben auf ihre Richtigkeit geprüft, oder wenn solche nicht vorhanden, daraufhin vervollständigt.

Wenn der Maßstab der zur Verfügung stehenden Karten nur klein ist, so empfiehlt es sich, diese Karten vermittels eines Panto-

graphen vorher auf einen solchen Maßstab zu bringen und in solche
Unterabteilungen zu zerlegen, daß jedes vergrößerte Kartenblatt
etwa das Gelände für einen Reisetag umfaßt. Je nach der topographischen Beschaffenheit und Schwierigkeit des Geländes umfassen diese Karten daher Geländestreifen von 10—20 km Länge.
Bei der Anlage von Verkehrswegen in kartographisch unerschlossenen Ländern blieb früher nichts anderes übrig, als die zu erschließende Gegend unter Benutzung der Bussole und des Schrittzählers
oder durch Schritte oder Marschzeiten der Lage nach aufzunehmen
als auch vermittels des Barometers und des Hypsometers auf ihr
Höhenverhältnis zu ermitteln.

Hierbei war, wenn irgend angängig, danach zu trachten, für den
Hin- und Rückweg der Erkundung möglichst örtlich voneinander
getrennte Wege aufzunehmen.

Zur kartographischen Sicherung solcher Routenaufnahmen
werden einzelne ihrer Punkte, in erster Linie Anfangs- und Endpunkt durch geographisch astronomische Ortsbestimmungen festgelegt. Heute wird eine solche zeitraubende Methode nur mehr in
wenigen Fällen und nur überall da am Platze sein, wo die Voraussetzungen für Luftbildaufnahmen fehlen. Sind diese vorhanden,
so wird man die fehlenden kartographischen Unterlagen des in
Frage stehenden Gebietes auf photogrammetrischem Wege herzustellen trachten.

Unterlagen für die Erkundung.

Wenn es sich darum handelt eine Erkundung in einem Land
vorzunehmen, das in bezug auf moderne Verkehrswege noch als
Neuland anzusprechen ist, so sind erst verschiedene Vorbereitungen zu treffen und Erhebungen darüber anzustellen, welcher Hilfsmittel man sich zu bedienen hat, um dieser Aufgabe vollauf gerecht
werden zu können.

Je nach den klimatischen und kulturellen Verhältnissen des
betreffenden Landes werden diese Vorbereitungen verschieden sein.
In Ländern, die ein gemäßigtes Klima aufweisen, wird im allgemeinen die kulturelle Entwicklung und Besiedlung des betreffenden Landes soweit gediehen sein, daß für eine vorzunehmende Erkundung nicht eine Ausrüstung in dem Umfange benötigt wird,
wie dies etwa für tropische oder weniger besiedelte Gebiete der
Fall ist.

Wenn bei diesen Vorbereitungen unnötige Arbeiten vermieden und Kosten und Irrtümern vorgebeugt werden soll, ist es von Wichtigkeit, sich erst einmal an Hand der Literatur über das betreffende Land, in welchem die Erkundung vorgenommen werden soll, zu orientieren. Diese Orientierung wird sich auf die geographischen, topographischen, klimatischen, kulturellen und sprachlichen Gebiete zu erstrecken haben und wichtige Aufschlüsse darüber liefern, wie und in welchem Umfang die Hilfsmittel für die vorzunehmende Erkundung vorzusehen sein werden.

Es wird sich empfehlen bei den betreffenden Gesandtschaften oder, wenn es sich um Kolonien handelt, bei den Kolonialämtern der betreffenden Länder Aufschluß darüber in den einzelnen Fragen zu erbitten und insbesondere etwa vorhandenes Kartenmaterial anzufordern, oder Einsicht davon zu nehmen, sowie sich über die Bezugsquellen dieses Materials zu unterrichten und es sich zu beschaffen.

II. Vorbereitende Arbeiten.

Nachdem an Hand des einschlägigen Material über die allgemeinen Verhältnisse des betreffenden Landes Aufschluß gewonnen ist, können die vorbereitenden Arbeiten in Angriff genommen werden, die sowohl zu Hause als auch in den zu erkundenden Ländern selbst zu treffen sind.

Diese Arbeiten betreffen in erster Linie die Ausrüstungen für die Durchführung der Expedition. Hierbei handelt es sich sowohl um die Beschaffung der persönlichen und der Reiseausrüstung, als auch der technischen Ausrüstung und um Personalfragen.

A. Reiseausrüstung.

Je nach dem Land, in welchem die Erkundung vorgenommen werden soll, als auch nach dem Umfang der Arbeiten, die dabei in Frage kommen, wird sich die Beschaffung der Reiseausrüstung richten und stets in eine persönliche und eine technische Ausrüstung zerfallen.

Als persönliche Ausrüstung hat zu gelten die Beschaffung der Kleidung und deren entsprechende Unterbringung, ferner die Beschaffung der Reitutensilien oder der sonstigen Transportmittel, der Unterkunftsgegenstände, der Lebensmittel, sowie der sanitären und medizinischen Ausrüstung.

1. Kleidung. Die Beschaffung der zweckentsprechenden Kleidung richtet sich nach dem Klima, in dem die Erkundung vorzunehmen ist. Für gemäßigte Klimas wird die Bekleidung im wesentlichen wie zu Hause sein können. Es wird jedoch zu berücksichtigen bleiben, in welcher Jahreszeit die Erkundung vorzunehmen ist und ob dabei auch große Höhenunterschiede und damit verbundene starke Temperaturschwankungen vorkommen.

Für solche Länder, die starken klimatischen Schwankungen unterworfen sind, wie dies z. B. für die Türkei und Mittelasien der Fall ist, wird die Reiseausrüstung an Bekleidung, je nach der Jahreszeit, in welche die Bereisung fällt, teilweise für gemäßigtes als auch für tropisches Klima zu wählen sein. Im übrigen wird die persönliche Ausrüstung, was Kleidung anlangt, sich nach den jeweiligen Gepflogenheiten und Ansprüchen des einzelnen zu richten haben.

Auf alle Fälle sollte die Ausrüstung so vollständig wie möglich sein, damit Anschaffungen unterwegs vermieden werden, da dies mit Rücksicht darauf, daß Erkundungen meist in wenig von der Kultur erschlossenen Gebieten auszuführen sind, dies nur mit Schwierigkeiten und Zeitverlust verknüpft ist und dann meist auch nur auf Kosten der Güte zu erreichen sein wird. Eine Ausnahme in der Beschaffung von Tropenkleidung machen Gebiete, in denen Asiaten (Chinesen) ansässig sind. Dort kann man sich die benötigte Tropenkleidung sehr billig schon in den Hafenstädten beschaffen. Die Aufenthaltszeiten der Überseedampfer sind dafür meist ausreichend.

Für Tropengebiete ist die Bekleidung leichter und der in diesen Gebieten herrschenden Hitze und Feuchtigkeit angepaßt zu wählen. In Asien und Afrika ist es üblich, in Städten weiße Leinenkleidung, bestehend aus Beinkleid und bis zum Hals geschlossenem Rock zu tragen, dazu poröse leichte Unterwäsche und als Fußbekleidung weiße Leinenschuhe, sowie als Kopfbekleidung den weißen Tropenhelm, für Reisen im Innern des Landes statt weißer Leinenanzüge solche aus Khakistoff, dazu Unterwäsche wie vor und als Fußbekleidung gelbe hohe Lederschnürschuhe, Leder- oder Wickelgamaschen, als Kopfbedeckung den breitrandigen Tropenhut.

In Südamerika hingegen wird in den Städten auch leichte europäische Sommerkleidung ohne Weste, sowie leichte weiche

Wäsche und leichtes Schuhwerk bevorzugt, auf dem Lande außer
Khaki- oder meist Cowboyanzug, bestehend aus Reithose mit
Gürtel, dazu weiches Hemd und als Kopfbedeckung breitrandigen
Filz- oder Panamahut, sowie derbe Lederschnürschuhe mit Ga-
maschen oder Lederstiefel.

Es empfiehlt sich, bei der Beschaffung einer Reiseausrüstung
sich an solche Firmen zu wenden, die mit der Lieferung solcher
Ausrüstungen vertraut sind und von ihnen Kataloge und Preis-
verzeichnisse anzufordern um danach die Auswahl und die Zusammenstellung der Reiseausrüstung vorzunehmen.

Wichtig ist auch neben der Reiseausrüstung die zweckentsprechende Wahl für ihre Unterbringung zu treffen. Hierbei ist besonders darauf zu achten, daß die einzelnen Gepäckstücke nicht
zu groß und zu schwer werden.

Je nach den Beförderungsmitteln, die in den zu bereisenden
Ländern zur Verfügung stehen, wird man das Gewicht dieser Gepäckstücke nicht über 30—60 kg zu wählen haben. Ersteres Gewicht bildet die Grenze für Trägerlasten. Größere Gewichte erfordern mehrere Träger, was aber tunlichst vermieden werden soll.

Für Esel und Maultiertransporte kommt das letztere Gewicht
in Frage. Als Verpackung kommen für Trägerlasten leichte Holz-
kisten zur Verwendung, daneben Blechkisten und ebensolche
Koffer, die in den Tropen wegen der dort herrschenden Feuchtigkeit mit einer Gummidichtung des Verschlusses zu versehen sind.

2. Reitutensilien und sonstige Transportmittel. Neben der Be-
kleidungsfrage ist auch die Frage der Transportverhältnisse in den
zu erkundenden Ländern von Wichtigkeit und dementsprechend
die Ausrüstung dafür vorzusehen. Für Reisen im Innern des
Landes wird es sich darum handeln festzustellen, in welcher Art
diese Reisen landesüblich sind und ob dafür Träger, Tragtiere oder
Wagen oder moderne Verkehrsmittel benutzt werden können.

In Ländern mit primitiven Verkehrsverhältnissen wird das
Reisen zu Pferde im allgemeinen landesüblich sein. Die dafür vor-
zusehende Reitausrüstung umfaßt die Beschaffung der nötigen
Sättel, Zaumzeuge, Decken, Putzzeug und Futtergefäße. Man wird
hierbei zu berücksichtigen haben, welche Art von Tragtieren in den
zu bereisenden Ländern zur Verfügung stehen und ob es sich dabei
um Pferde, Ponys, Maultiere oder Esel handelt.

In den meisten Fällen wird es auch dann sich empfehlen, Sättel

und Zaumzeug von zu Hause mitzunehmen, selbst wenn solche
Artikel an Ort und Stelle zu kaufen sind. Dies schon aus dem
Grunde, weil es fast immer lohnender ist, Reit- und Tragtiere zu
kaufen als solche zu mieten. Nach Beendigung der Expedition
lassen sich diese Tiere meistens leicht wieder verkaufen, wenn sie
nicht, was oft der Fall sein dürfte, beim Bau wieder nutzbringende
Verwendung finden.

Für die Überschreitung größerer Flüsse kommen für unbe-
wohnte und holzarme Gebiete auch unter Umständen Faltboote
in Frage, die das Überschreiten solcher Hindernisse sehr erleichtern, da sie unter Zuhilfenahme von Zeltstangen die Bildung von
Flößen ermöglichen.

3. Unterkunftsgegenstände. Je nach dem Kulturzustand eines
Landes und seiner Bevölkerungsdichte wird die Bereitstellung von
Unterkunftsmöglichkeiten zu prüfen und die Beschaffung von Zeltausrüstungen mit Feldbetten und Kochzelten mit Kochausrüstung,
sowie auch die Beschaffung von Arbeiterzelten zu erwägen sein.

Zeltausrüstungen richten sich gleichfalls nach dem Klima des
betreffenden Landes. Einfache Zelte eignen sich für Länder mit
gemäßigtem Klima. Für die Tropen sind Zelte mit Doppeldach
erforderlich.

Zur Zeltausrüstung gehört gewöhnlich außer dem eigentlichen
Zelt ein Zeltteppich, 1—2 Klappstühle, 1 Liegestuhl, 1 Klapptisch,
1 Waschtischständer, 1 Segeltuch oder Gummibadewanne, 1 Feld-
bett mit Matratze, Kopfkissen, Bettwäsche und Decken, sowie
Moskitonetz in den Tropen. Im allgemeinen wird es aus hygieni-
schen Gründen immer zweckmäßig sein, sich mit eigenen Feldbetten
und Bettwäsche auch in jenen Ländern zu versehen, wo Unterkunftsräume geboten werden.

Bei der Zusammenstellung der Ausrüstung empfiehlt es sich
auch hier, von Lieferfirmen Angebote mit Abbildungen der einzelnen Gegenstände einzuholen und danach die Auswahl zu treffen.
Neben diesen Ausrüstungen versäume man nicht, sich mit den
nötigen Gegenständen des täglichen Gebrauchs, wie Handtücher,
Reiselampen, Laternen, Wasserfilter, Seife, Klosettpapier usw. zu
versehen.

Die Kochausrüstung besteht zweckmäßig wegen des geringen
Gewichts aus Aluminium, ebenso das Eßgeschirr wegen der
Bruchgefahr aus Email, die in einer eigens dafür anzufertigen-

den Kiste verschließbar und für den Reisegebrauch fertig unterzubringen ist.

4. **Lebensmittelversorgung.** Für die Verpflegung auf der Reise und den Aufenthalt im Innern des zu erkundenden Gebietes empfiehlt es sich im allgemeinen Konserven vorzusehen. Unter Berücksichtigung, daß für die Verpflegung auch Landesprodukte wie Früchte, Eier, Geflügel und anderes mehr meist zu erhalten sein werden, rechnet man pro Person und Tag an Konserven 1 kg ohne Getränke.

Die Konserven werden am besten in Kisten, wie sie die im Handel für Exportzwecke üblichen Benzin- oder Petroleumkisten darstellen, d. h. also solche, die zwei Blechtins von etwa 15 Liter enthalten, untergebracht und mit verschließbarem Deckel versehen. Solche Kisten überschreiten in der Regel das Gewicht von 30 kg nicht und eignen sich wegen ihrer Handlichkeit sowohl für Träger als auch für Tiertransporte.

Daneben wird man die im Lande selbst erhältliche Frischnahrung wie Eier, Geflügel, Früchte sowie die Verpflegung für die eingeborenen Hilfskräfte in Rechnung zu stellen haben.

Was die Versorgung mit Getränken anlangt, so hängt diese Versorgung von den persönlichen Ansprüchen des Reisenden und von den kulturellen und klimatischen Verhältnissen des betreffenden Landes ab.

Es wird sich immer empfehlen, alkoholische Getränke wie Kognak und Rotwein, sowie auch etwas Mineralwasser oder Sekt mitzuführen, um Darm- und Magenverstimmungen begegnen zu können. Im übrigen wird man sich am besten den Lebensgewohnheiten in den betreffenden Ländern anzupassen suchen und vor allem der Trinkwasserfrage die nötige Beachtung schenken.

Zur Vermeidung von Ruhr, Typhus und sonstigen infektiösen Darmkrankheiten sollte besonders in tropischen Gegenden alles Trinkwasser vorher abgekocht und filtriert werden. Der Geschmack solch abgekochten Trinkwassers kann dadurch wieder gehoben werden, daß man ihm Kohlensäure in besonders dafür gefertigten Patronen beifügt, die im Handel ebenso wie die eigens dafür hergestellten Flaschen erhältlich sind und die gegen Explosion durch Drahtgeflecht geschützt, zur Herstellung von Sodawasser verwendet werden.

Zur Vermeidung unnötiger Zeitverluste und Schwierigkeiten

bei der Verzollung der Gegenstände in dem Bestimmungsland ist es unbedingt geboten, Sachverzeichnisse der einzelnen Frachtstücke mit Preisverzeichnissen zu fertigen und bereitzuhalten. Solche Sachverzeichnisse ermöglichen auch eine jederzeitige Kontrolle über das Vorhandensein oder das Fehlen etwaiger Ausrüstungsgegenstände.

5. Sanitäre und medizinische Ausrüstung. Wegen der sanitären und medizinischen Ausrüstung setzt man sich am besten mit einer sanitären Behörde oder mit dem tropenhygienischen Institut in Hamburg in Verbindung und läßt sich unter Angabe der Teilnehmerzahl der Expedition und des zu bereisenden Landes eine Ausrüstung an Medikamenten nebst Gebrauchsanweisung derselben zusammenstellen. Daneben beschafft man sich die nötigen Drogen und Verbandstoffe für Wundbehandlung auch für die eingeborenen Hilfskräfte, außerdem vergesse man nicht, hinreichend „Insektenpulver" und „Flit" für Ungezieferbekämpfung mitzunehmen.

B. Technische Ausrüstung.

Diese umfaßt die zur Erkundung nötigen Gerätschaften und Instrumente. Es sind hierfür je nach dem geringeren oder größeren Entwicklungsstand eines Landes in bezug auf den Stand seines Kartenmaterials, sowie je nach dem Umfang, den die Erkundung bezweckt, mehr oder weniger vollständige Ausrüstungen vorzusehen.

Als eine Ausrüstung, die für alle Zwecke dienen und allen Anforderungen entsprechen dürfte, kann folgende dienen:

1 Theodolit mit Höhenkreis,
2 Chronometer,
1 Barograph,
4 Federbarometer,
2 Hypsometer,
4 Schleuderthermometer,
2 Gefällsmesser,
1 Telemeter,
1 Phototheodolith mit Zubehör,
2 Zeißgläser, 8fache Vergrößerung,
1 Bündel Fluchtstäbe,
2 Stahlbandmaße 20 m lang,
2 Rechenschieber,
4 Routenkompasse

sowie eine Anzahl Routenbücher, Schreib- und Zeichenmaterial als auch zwei barometrische Höhentafeln von Jordan, ein nautisches Jahrbuch des Beobachtungsjahres und astronomische Hilfstafeln von Albrecht.

1. Zweckbestimmung. Diese Ausrüstung dient dreierlei Zwecken und zwar:

1. Theodolite und Chronometer, sowie die nautischen Jahrbücher und astronomischen Hilfstafeln von Albrecht werden für geographische Ortsbestimmung benötigt. Der Theodolit dient außerdem zur Festlegung des Reiseweges nach Richtung und Entfernung in besonderen Fällen, hauptsächlich aber zu Winkelmessungen bei Triangulationen.

2. Barograph und Federbarometer sowie Hypsometer und Schleuderthermometer dienen der Höhenbestimmung des zu bereisenden Gebiets, teilweise finden sie auch bei den geographischen Ortsbestimmungen Anwendung. Als Hilfsmittel dienen die barometrischen Höhentafeln von Jordan. Für die Hypsometer ist destilliertes Wasser und Spiritus nicht zu vergessen.

3. Kompasse, Gefällsmesser und Telemeter finden für die Aufnahme des Geländes nach Richtung und Entfernung Anwendung. Als Hilfsmittel bei der Geländeerkundung bedient man sich der Zeißgläser. Der Phototheodolit verbindet Gelände und Höhenaufnahmen miteinander. Die von ihm gelieferten Aufnahmen ergeben mit Hilfe geeigneter Auswertungsgeräte naturgetreue Karten des Geländes. Seine Beschaffung kommt meist nur in Frage, wenn die Erkundung gleich die Unterlagen für die ausführliche Projektbearbeitung liefern soll.

2. Beschreibung und Gebrauch der Instrumente. Entsprechend der vorerwähnten Einteilung folgt nachstehend eine Beschreibung der Instrumente, welche für die einzelnen Arbeiten am besten beschafft werden, ebenso soll über deren Gebrauch und Anwendung das Nötige gesagt werden.

a) **Theodolite.** Es darf vorausgesetzt werden, daß die allgemeinen Begriffe über die Bestandteile der Instrumente und wie dieselben benannt werden, bekannt sind.

Man unterscheidet einfache und Repetitionstheodolite. Bei den einfachen Theodoliten ist nur die Alhidade drehbar. Beim Repetitionstheodoliten ist außerdem noch der Limbus um eine gemeinsame Zapfachse horizontal drehbar.

Der für Erkundungszwecke brauchbare Theodolit soll nicht zu schwer und zu groß sein. Es genügt ein Instrument, das Winkelmessungen bis auf 30″ genau gestattet. Hierfür eignen sich Instrumente mit Kreisdurchmesser der Alhidade und des Höhenkreises von 8—10 cm.

Zur Vornahme der Messung magnetischer Mißweisung ist es angezeigt, das Instrument mit einer Aufsatzbussole zu versehen.

Die Fernrohrvergrößerung soll etwa eine 15—18fache sein. Solche Instrumente werden von den verschiedenen geodätischen Firmen geliefert. Als besonders leistungsfähige Firmen seien Carl Zeiß in Jena, Gustav Heyde, Dresden, Breithaupt u. Sohn, sowie Otto Fennel, beide in Kassel, benannt.

Da die Richtigkeit und Genauigkeit der Messungen von der sachgemäßen Handhabung der Instrumente und der Berichtigung etwa vorhandener Fehler abhängt, so ist vor jeder Messung zu prüfen, ob folgende drei Bedingungen erfüllt sind (Abb. 1).

1. Die Alhidadenachse V—V (Vertikalachse) soll senkrecht stehen.

2. Die Kippachse des Fernrohres K—K (Horizontalachse) soll horizontal sein.

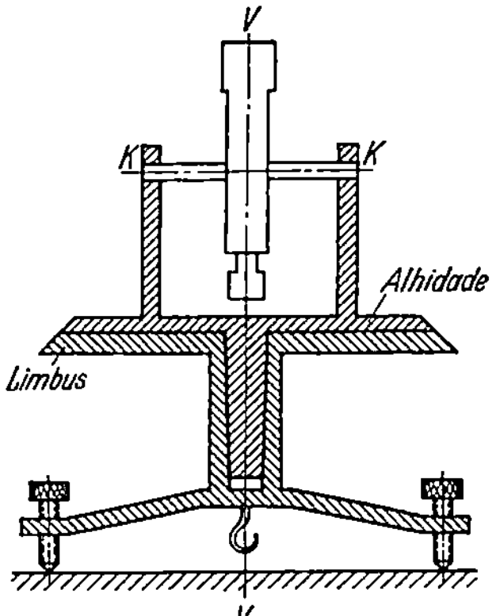

Abb. 1. Aufbauschema eines Theodoliten.

3. Die Zielachse soll senkrecht zur Kippachse sein.

Die erste Bedingung oder die Berichtigung des Aufstellungsfehlers wird wie folgt erzielt. Nach Rohaufstellung des Theodoliten über einen Punkt vermittels Einspielen der Dosenlibelle oder wenn eine solche nicht vorhanden durch annäherndes Einspielen der Röhrenlibellen, wird die auf dem Instrument befestigte Röhrenlibelle parallel zu zwei Fußschrauben des Instruments gestellt und durch Drehen dieser Fußschrauben die Libelle zum Einspielen gebracht. Hierauf wird die Alhidade um 180° gedreht. Der sich zeigende Ausschlag wird je zur Hälfte an den Richtschräubchen der Röhrenlibelle durch Heben oder Senken der Libelle behoben, zur anderen Hälfte durch Drehen an den parallel gestellten Fußschrauben des Instruments beseitigt. Alsdann wird die Alhidade um 90° gedreht und der sich zeigende Ausschlag ganz an der dritten Fußschraube behoben. Der Vorgang ist einige Male zu wiederholen bis die Libelle bei jeder Alhidadendrehung einspielt. Ist dies der Fall, dann steht das Instrument horizontal.

Die zweite Bedingung, daß das Instrument eine horizontale Kippachse des Fernrohrs aufweisen soll, setzt erst eine Erfüllung der Bedingungen zu 1 und 3 voraus und wird erzielt, wenn bei scharfer Einstellung des Fernrohrs auf ein Lot, die Ziellinie beim Auf- und Abbewegen des Fernrohrs nicht aus dem Lot herausfällt.

Der etwa sich zeigende Fehler wird an den Stellschräubchen des Achslagers des Fernrohrs durch Heben oder Senken dieser Schräubchen beseitigt, indem bei geneigtem Fernrohr der Ausschlag aus dem Lot wieder mit dem Fadenkreuzschnittpunkt zur Deckung gebracht wird.

Da diese Korrektion vollständige Windstille, daher kein Schwanken des Lots voraussetzt, was sehr oft schwierig zu erreichen sein wird, so kann man, statt die Ziellinie auf ein Lot einzustellen, auch einen hochgelegenen Punkt anvisieren und durch Kippen des Fernrohrs seine Projektion auf der Erde durch Einschlagen eines Nagels A markieren. Hierauf wird das Fernrohr durchgeschlagen und der Punkt P erneut anvisiert. Ist die Kippachse nicht horizontal, so wird die Projektion des Punktes P beim Kippen des Fernrohrs nicht den Nagel A treffen, sondern davon entfernt im Punkt B liegen. Die Beseitigung des Kippachsenfehlers geschieht nun in der Weise, daß man einen Nagel C in der Mitte zwischen A und B einschlägt und durch Heben oder Senken des einen Kippachsenlagers den Schnittpunkt des Fadenkreuzes auf C einstellt.

Die dritte Bedingung, die eventuelle Berichtigung des Zielachsenfehlers (Kollimationsfehlers), wird erreicht, indem man zwei Fernrohrbeobachtungen anstellt. Nach Vornahme der Berichtigung zu 1. wird das Fernrohr auf einen Punkt A scharf eingestellt und am Horizontalkreis der Winkel a, z. B. 30° 25′, abgelesen. Hierauf wird das Fernrohr durchgeschlagen und die Alhidade gedreht, bis der Punkt A wieder eingestellt ist, wobei der Winkel b, z. B. 210° 30′, abgelesen wird. Die Zielachse ist alsdann senkrecht zur Kippachse, wenn die Winkelablesungen $a—b—180 = 0$ sind. Trifft das nicht zu, so zeigt sich der Fehler e, wie z. B. 210° 30′—30° 25′—180° $= 5′$. Die Berichtigung wird vorgenommen, indem der

Horizontalkreis auf den Winkel $b-e/2$, also z. B. auf $210°\,27'\,30''$ eingestellt wird und vermittels der horizontalen Richtschräubchen am Fadenkreuz eine Verschiebung des Fadenkreuzschnittpunktes vorgenommen wird, bis dieser mit dem Punkt A zur Deckung gebracht ist.

Ist das Fernrohr nicht zum Durchschlagen, sondern nur zum Umlegen eingerichtet, so erfolgt die Berichtigung in der Weise, daß man im Gelände einen Punkt A anvisiert, hierauf das Fernrohr umlegt, die Alhidade um 180° dreht und den Fadenkreuzschnittpunkt, falls er nicht mit A zusammenfällt, als den Punkt B im Gelände markiert. Wird nun die Verschiebung des Fadenkreuzschnittpunktes auf einen Punkt vorgenommen, der in der Mitte zwischen beiden Punkten A und B liegt, so ist der Zielachsenfehler beseitigt.

Bei exzentrisch angebrachten Fernrohren verfährt man wie vor, nur wird hier das Fernrohr einmal auf einen Punkt A und dann auf einen Punkt B eingestellt, die in einem Abstand voneinander sich befinden, der dem doppelten Maß der Exzentrizität e entspricht.

Für die Winkelmessung sind bei Theodoliten die Teilungen des Limbuskreises von 0—360° dem Uhrzeigersinn gleichgerichtet, beim Höhenkreis diesem Sinn entgegengesetzt angebracht.

Bei der Winkelmessung zwischen zwei Punkten A und B wird in der Regel so verfahren, daß das Instrument auf den ersten Punkt A eingestellt wird und die beiden Nonien $N\,1$ und $N\,2$ abgelesen werden. Alsdann wird das Instrument auf den Punkt B eingestellt und die dazugehörigen Nonien gleichfalls abgelesen (Fernrohrlage 1). Nun wird das Fernrohr durchgeschlagen und derselbe Messungsvorgang nochmals wiederholt (Fernrohrlage 2). Für die Winkelberechnung wird dann das Mittel aus beiden Nonienablesungen $N\,1$ und $N\,2$ in den beiden Fernrohrlagen 1 und 2 gebildet und daraus der gemessene Winkel ermittelt.

Für das Aufschreiben der Messungen dient das Schema:

Punkt	Fernrohrlage 1						Fernrohrlage 2						Mittel aus						Winkel		
	Nonius 1			Nonius 2			Nonius 1			Nonius 2			Nonius 1			Nonius 2					
	°	′	″	°	′	″	°	′	″	°	′	″	°	′	″	°	′	″	°	′	″
A	15	40	0	195	40	20	15	40	20	195	40	20	15	40	10	195	40	20	50	44	45
B	66	25	20	246	24	40	66	25	0	246	25	00	66	25	10	246	24	50			
													50	45	00	50	44	30			

Man bezeichnet eine solche Winkelmessung als Kompensationsmessung, da sie auch bei nicht genau berichtigtem Fernrohr brauchbare Ergebnisse liefert.

Die neueren Instrumente der Firma Carl Zeiß in Jena (Abb. 2) unterscheiden sich in ihrem Aufbau von den bisher üblichen Fabrikaten wesentlich und erleichtern sowohl die Messungsvorgänge und Beobachtungen, wie sie die vorbeschriebenen Berichtigungen infolge ihres veränderten Aufbaues nahezu hinfällig machen.

Abb. 2. Leichter Reisetheodollt der Firma Carl Zeiß.

Besonders für koloniale Tropengebiete sind die Vorteile der Zeißschen Instrumente überragend, der geschlossene Aufbau, der alle empfindlichen Teile umschließt und dadurch gegen Staub und Feuchtigkeit schützt, die Innenfokusierung der Fernrohre, der Ersatz der bisher gebräuchlichen metallischen Teilkreise durch gläserne, welche die Oxydierung verhindern und dadurch eine wesentlich bessere Beleuchtung ermöglichen, die vereinfachte Kreisablesung an einem einzigen Mikroskop-Okular, sowie das Fehlen von Klemm- und Feinstellschrauben für den Limbus, sind Vorteile, welche nicht zu unterschätzen sind; sie sollten daher bei Neuanschaffung von Ausrüstungen nicht außer acht gelassen werden.

b) Chronometer. Da die genaue Zeitangabe bei der Ermittlung der geographischen Ortsbestimmungen von ausschlaggebender Bedeutung ist, so bildet das Chronometer als genaueste Uhr das wichtigste Instrument dafür.

Man unterscheidet Boxchronometer und Taschenchronometer. Die Boxchronometer sind die genauesten Uhren, sie finden hauptsächlich für die Ortsbestimmungen auf Schiffen und bei exakten Landesvermessungen Anwendung. Für Erkundungszwecke genügen die Taschenchronometer vollauf. Es empfiehlt sich, Chronometer mit Kompensation zu verwenden, d. h. solche, bei denen der Wärmeeinfluß auf den Gang der Uhr aufgehoben ist. Es gibt Taschenchronometer nach Sternzeit und solche nach mittlerer Zeit. Eine Uhr nach Sternzeit geht etwas rascher als eine solche nach mittlerer Zeit. Es ist 1 Sterntag

$= 24^{\mathrm{h}}\,3^{\mathrm{m}}\,56{,}6^{\mathrm{s}}$ und entspricht 1 Stunde mittlerer Zeit $= 1^{\mathrm{h}} + 9{,}86^{\mathrm{s}}$ Sternzeit, 1 Stunde Sternzeit $= 1^{\mathrm{h}} - 9{,}83^{\mathrm{s}}$ mittlerer Zeit.

Chronometer müssen zur Erzielung einer gleichmäßigen Federspannung und dadurch bedingten gleichmäßigen Ganges täglich zur selben Zeit aufgezogen werden, auch sind sie stets vor direkter Sonnenstrahlung und Feuchtigkeit zu schützen.

Für geographische Ortsbestimmungen ist die Standangabe ($\varDelta$ U) wichtig. Hierunter versteht man die Abweichung in Stunden, Minuten und Sekunden, der von der Uhr angegebenen Zeit gegen die genaue mittlere Zeit oder gegen Sternzeit des Beobachtungsortes. Der Stand ist positiv, wenn die Uhr gegen diese Zeit zurück, also nachgeht, er ist negativ, wenn sie gegen dieselbe Zeit vorausgeht.

Der tägliche Gang der Uhr ($\varDelta^2$ U) ist die Anzahl Sekunden, um welche eine Uhr in 24 Stunden gegen Sternzeit oder mittlere Zeit vor oder nach geht. Im ersteren Falle ist der tägliche Gang negativ, im zweiten positiv.

Bei der Vornahme astronomischer Beobachtungen wird die Zeitbeobachtung und die dabei vorzunehmende Winkelmessung wie folgt ausgeführt. Sind, was zweckmäßig ist, zwei Beobachter vorhanden, so erhält der Uhrbeobachter kurz vor dem festzustellenden Beobachtungszeitpunkt von dem Winkelbeobachter das Wort „Achtung“ zugerufen und der Uhrbeobachter zählt von diesem Moment ab die Schläge des Chronometers, bis der Winkelbeobachter den Moment der eintretenden astronomischen Erscheinung mit dem Wort „Stop“ bekannt gibt und dann die Zeitangabe notiert wird. Z. B. „Achtung“ $2^{\mathrm{h}}\,15^{\mathrm{m}}\,14^{\mathrm{s}} + 1, 2, 3, 4, 5, 6, 7, 8$ „Stop“, also bei $\frac{1}{2}$ Sekunden Schlag $4'' = 2^{\mathrm{h}}\,15^{\mathrm{m}}\,18^{\mathrm{s}}$. Ist kein zweiter Beobachter vorhanden, so muß der Beobachter in dem Moment, wo er das Wort „Achtung“ rufen würde, auf die Uhr sehen und sich die Zeitangabe merken und dann weiterzählen bis die Beobachtung eintritt und in dem Moment, wo dies der Fall und das Wort „Stop“ gerufen würde, auf die Uhr sehen und die Zeit notieren. Erst wenn dies geschehen, werden die Winkelmessungen, die zu der Zeitbeobachtung gehören, abgelesen. Es ist stets gut, zwei Uhren zur Verfügung zu haben, von denen die eine zur Beobachtung benutzt wird, während die andere zum Vergleich vor und nach jeder Messung dient. Hierbei ist es zweckmäßig, daß beide Uhren etwa auf die gleiche Zeit (mittlere oder Sternzeit) reguliert sind, was die Auswertung der späteren Uhrvergleichungen erleichtert.

c) **Instrumente für barometrische Höhenmessungen.** Die barometrischen Höhenmessungen beruhen auf der Messung des Luftdrucks und der Abnahme dieses Druckes bei zunehmender Höhe nach bestimmten Gesetzen.

Die gewöhnlichen Quecksilberbarometer eignen sich zu Höhenmessungen auf Reisen nicht, da sie zu zerbrechlich sind sowie zu umständlich in der Handhabung. Auch als Standbarometer werden sie bei Erkundungen nicht benutzt, an ihre Stelle treten der Barograph und für die Höhenmessungen im Freien das Aneroidbarometer.

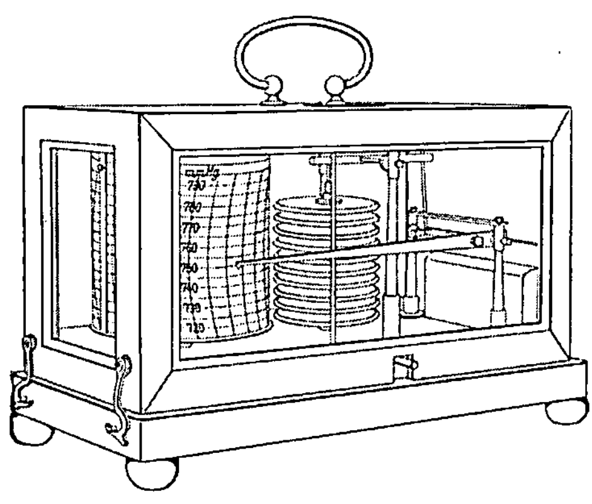

Abb. 3. Barograph als Standbarometer.

1. *Der Barograph* (Abb. 3) besteht aus einem mit Glasscheiben versehenen Kasten, welcher eine luftleere, spiralförmig gewundene Metallröhre enthält auf der oben eine Hebelvorrichtung mit Zeiger angebracht ist, die am äußersten Ende eine Schreibvorrichtung trägt, sowie aus einer Trommel die durch ein Uhrwerk gedreht wird und über welcher ein Diagramm läuft, das die Barometerhöhen sowie die Stunden und Tageszeiten angibt. Bei aufgezogenem Uhrwerk wird durch die Schreibvorrichtung die Luftdruckkurve auf dem Diagramm aufgezeichnet und läßt sich der Luftdruck für jeden gewünschten Zeitpunkt am Standort ablesen.

Diese Ablesungen ermöglichen dem Beobachter des Reisebarometers die eventuellen Verbesserungen zu entnehmen, die er für seine Berechnung der vorgenommenen Höhenmessungen benötigt. Voraussetzung hierbei ist allerdings, daß vor Antritt der Reise der Stand des Barographen und der des Reisebarometers genau miteinander verglichen und die Differenz notiert wird.

Lieferanten von Barographen sind alle größeren optischen Geschäfte, besonders bekannt sind sowohl R. Fueß, Berlin, als auch Görz und andere.

2. *Das Aneroid oder Federbarometer* (Abb. 4). Es besteht aus einer luftleeren Blechdose mit oben wellblechartig geformtem Deckel, auf dem die Hebelvorrichtung mit Zeiger angebracht ist, sowie versilberter kreisförmiger Metallskala, auf der die Barometerhöhen und oft auch die unmittelbaren Meereshöhen verzeichnet sind. Meistens ist auf der Skalaplatte noch ein Thermometer zur Angabe der inneren Temperatur des Instruments angebracht. Die Aneroide der Firmen Otto Bohne und R. Fueß in Berlin sind kompensiert, d. h. sie geben direkt den auf 0° reduzierten Barometerstand an. Die von letzterer Firma neuerdings hergestellten Aneroide sind so vervollkommt, daß man bei ihnen nicht nur die Höhen direkt ablesen kann, sondern auch die Temperaturveränderungen ausgeglichen werden, so daß die Höhenangabe des Aneroids unabhängig davon ist, ob der Luftdruck steigt oder fällt.

3. *Das Hypsometer oder Siedethermometer* (Abb. 5) dient zur absoluten Bestimmung des Luftdruckes und zur Kontrolle der Federbarometer.

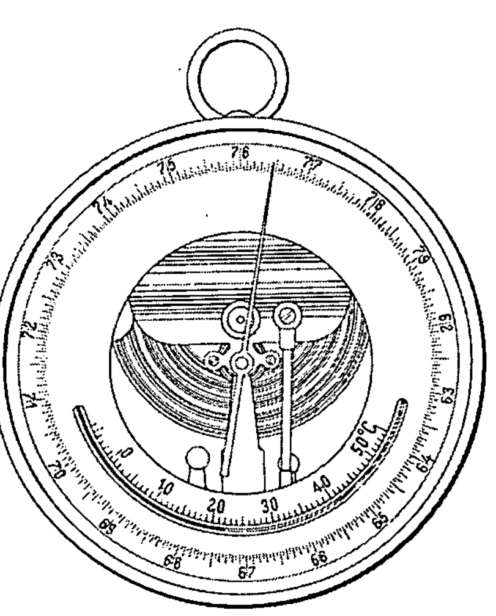

Abb. 4. Federbarometer (Prinzipskizze).

Seine Wirkung beruht auf dem Prinzip, daß der Gefrierpunkt des Wassers am Meer, den Nullpunkt 0° eines Thermometers bei 760 mm Luftdruck und der Siedepunkt des Wassers bei gleichem Luftdruck den Punkt 100° C darstellt, sowie daß mit zunehmender Höhe der Siedepunkt des Wassers sinkt.

Es lassen sich daher durch zuverlässige Siedepunktbeobachtungen die jeweiligen Barometerstände und daraus die zugehörigen Höhen ermitteln. Wegen der Empfindlichkeit, welche die Siedetemperatur auf die Höhen ausübt, $1/10°$ Temperaturschwankung beim Sieden entspricht schon rd. 30 m Höhe, sind die Siedethermometer so eingerichtet, daß an ihnen nicht die Siedegrade sondern unmittelbar der Barometerstand abgelesen wird.

Solche Instrumente werden von der Firma R. Fueß in Berlin-Steglitz geliefert, ihre Zusammensetzung zeigt nebenstehende Abbildung und Beschreibung wie folgt. In einem Kupfergefäß D, das in einem mit Tragriemen versehenem Lederfutteral steckt, befinden sich drei Röhren, von denen die zwei engeren für die Aufnahme der Siedethermometer dienen, während die weitere den vernickelten Dampfmantel B aufnimmt. Dieser Mantel ist an seinem unteren Ende mit einer Hülse versehen, vermittels welcher er in das Siedegefäß A eingeführt wird, während das obere Ende eine Öffnung aufweist, durch welche das Siedethermometer in den Mantel gesteckt und mittels eines Gummiringes G darauf festgehalten wird. Der Deckel C des Kupfergefäßes dient als Windschutz und Gestell für die Aufhängung der Spirituslampe 0.

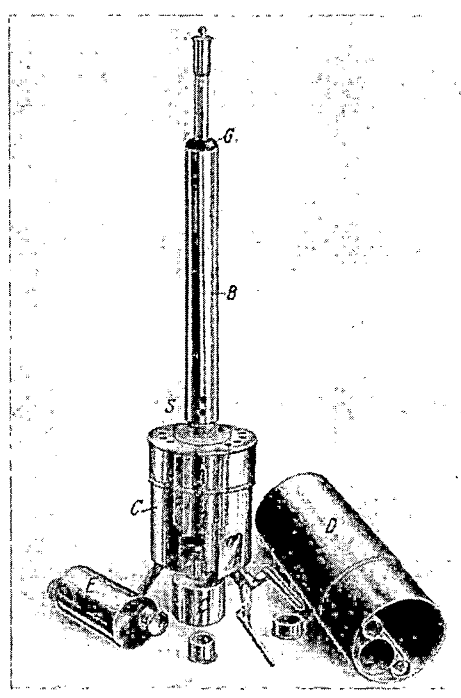

Abb. 5. Hypsometer der Firma R. Fueß.

Oben wird der Deckel durch die mit Löchern versehene Kappe, in welcher das Siedegefäß hängt, geschlossen. An seinem unteren Ende befinden sich die zusammenklappbaren Füße zum Aufstellen. Der Behälter E ist geteilt, er dient je zur Hälfte zur Aufnahme von destilliertem Wasser und Spiritus. Nachdem die Aufstellung wie in der Abbildung dargestellt vorgenommen ist, wird die Spirituslampe angezündet, wobei darauf zu achten ist, daß die Flamme nicht zu groß, etwa 3—4 cm wird. Der Quecksilberfaden des Thermometers soll nicht mehr als etwa 5 mm aus der Metallhülse herausragen, was dadurch erreicht wird, daß das Siedethermometer in den Dampfmantel so tief eingeführt wird, wie etwa der Stand des Beobachtungspunktes am Aneroidbarometer angibt.

Sobald das Wasser in dem reichlich zur Hälfte gefüllten Siedegefäß 2—3 Minuten gekocht hat, wobei vorher zur Vermeidung der Überhitzung des Dampfes die kleine Schraube am Siedegefäß gelöst wurde und beobachtet wurde, daß der Quecksilberfaden am Siedethermometer nicht mehr steigt, wird abgelesen und der Barometerstand notiert.

Die Teilung der Siedethermometer reicht gewöhnlich von 2 zu 2 mm für Höhen bis zu 4600 m, oder auch von 1 zu 1 mm, womit Höhen bis 3550 m gemessen werden können. Da bei einiger Übung noch etwa $^1/_{10}$ dieser Teilungen geschätzt werden können, so liefern die Siedethermometer Höhenangaben bis auf 1,5 m Genauigkeit.

Es werden immer wenigstens zwei Siedethermometerbeobachtungen mit zwei verschiedenen Thermometern angestellt und das Mittel beider als Höhe angenommen. Hierbei sind die Fehler, welche die Siedethermometer etwa zeigen und die in den Prüfungsattesten, die jedem Siedethermometer beigegeben werden, vermerkt sind, zu beachten.

4. *Das Schleuderthermometer* ist ein gewöhnliches Thermometer, das von einem geschlitzten Metallmantel umgeben ist. Dieser Mantel sitzt teleskopförmig in einer zylindrischen Metallröhre, die oben ein Schraubengewinde trägt, in welches der Deckel des Metallschutzmantels mit dem daran befestigten Thermometer festgeschraubt werden kann. Auf der Oberseite des Deckels ist eine Öse angebracht, durch die eine Schnur gezogen wird. Beim Gebrauch des Schleuderthermometers wird das Schraubengewinde gelöst, das Thermometer aus der Röhre herausgezogen und etwa 1—2 Minuten an der Schnur langsam im Kreise geschwungen, der abgelesene Temperaturstand ist dann die wahre Lufttemperatur.

d) Instrumente für topographische Aufnahmen. 1. *Gefällsmesser*. Die Gefällsmesser sind Instrumente, die, wie der Name sagt, dazu dienen, die Geländeneigungen zu messen. Diese Neigungen können entweder in Graden oder in Prozenten ausgedrückt werden und gibt es eine Reihe von Instrumenten die dieser Aufgabe genügen.

Für Erkundungszwecke eignen sich die Instrumente, welche zum Freihandgebrauch eingerichtet sind.

Ein Instrument, welches sich durch leichte Handhabung auszeichnet, ist der Gefällsmesser Triumph (Abb. 6). Er besteht aus einem kreisrunden Gehäuse, in dem ein zentrisch angeordneter Gradbogen sich bewegt. Durch ein Gewicht ist der Schwerpunkt des Gradbogens so gelegen, daß der zum Nullpunkt der Teilung gehörige Halbmesser sich immer horizontal stellt. Die zylindrische Wand des Gehäuses trägt zwei einander gegenüberliegende kastenförmige Ansätze, in dem einen Ansatz befindet sich ein Sehschlitz, in dem andern auf einer Glasplatte eine Zielmarke.

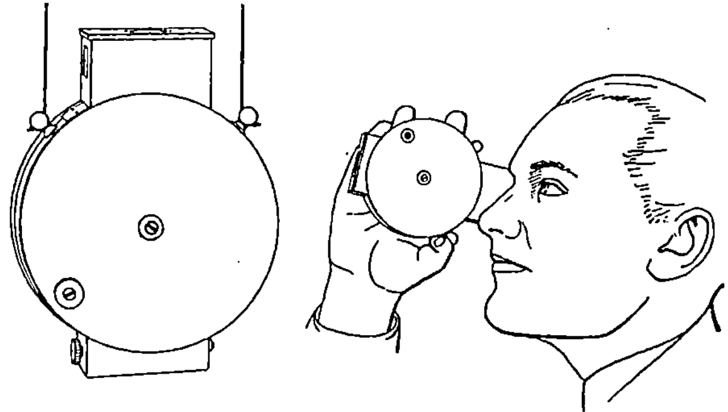

Abb. 6. Gefällsmesser Triumph (Handhabung).

. Beim Gebrauch des Instruments bringt man das Auge vor den Sehschlitz, visiert einen Punkt in der Richtung, in der man die Neigung bestimmen will, an, und liest an der Zielmarke die Teilung ab, indem man mit dem Zeigefinger auf den linsenförmigen Knopf drückt, welcher die Klemmfeder auslöst, und der Gradbogen zum Einspielen gebracht wird. Durch Loslassen des Knopfes wird der Gradbogen wieder festgestellt.

Die Richtigkeit des Instruments wird geprüft, indem man zwei Gegenvisuren in Augenhöhe vornimmt. Ergeben dieselben gleiche Ablesung, so ist das Instrument in Ordnung, ist das nicht der Fall, wird der Horizontalfaden der Zielmarke auf das Mittel der Differenz mittels der vorhandenen Stellschrauben eingestellt.

2. *Routenkompaß.* Als geeignetstes Instrument dient für die Zwecke der Erkundung als Winkelmeßgerät der v. Danckelmannsche Routenfluidkompaß.

Die Firma Eduard Sprenger, Berlin SW. 68, liefert einen solchen
Routenkompaß (Abb. 7), der wie aus der Abbildung zu ersehen,
aus einem Aluminiumgehäuse von quadratischer Form besteht.
Auf der unteren Seite des Gehäuses läßt sich eine mit Kugelgelenk
versehene Aufsteckhülse verschraubbar anbringen, die zur Auf-
nahme eines Stockes mit Metallspitze dient, mit welchem das
Instrument auf dem Boden standsicher aufgestellt werden kann.
Die obere Seite des Gehäuses trägt eine Glasplatte, darunter be-
findet sich die Kreisteilung des Kompasses mit der 5,5 cm langen
Magnetnadel, die aus zwei miteinander verbundenen dünnen Röhr-

Abb. 7. Danckelmannscher Routenfluidkompaß der
Firma Ed. Sprenger in Berlin.

chen besteht, die zwischen sich die eigentliche Magnetnadel, oder
nur die Spitzen derselben wie dargestellt tragen. Diese Anordnung
der Magnetnadel bezweckt, daß die Röhrchen auf der Flüssigkeit
schwimmen, die Nadel daher nur mit verschwindend geringem
Gewicht auf der Achatspitze ruht.

Die Füllung des Kompaßgehäuses mit Äther erfolgt aus dem
Grunde, um eine schnelle Beruhigung der Magnetnadel beim Peilen
zu erzielen. In der Richtung 0—180° oder auch 90—270° befindet
sich eine umklappbare Dioptervorrichtung, die zum Anvisieren der
zu peilenden Richtungen dient. Die Kreisteilung, die meist eine
dem Sinn des Uhrzeigers entgegengesetzte 0—360°-Teilung aufweist, gibt die Teilungen auf 1° an, so daß noch mit ihr Winkel
bis auf 30' Angabe geschätzt und gemessen werden können.

3. *Das Telemeter.* Es stellt ein Doppelfernglas dar, bei welchem die Objektive in einer bestimmten Distanz voneinander angeordnet sind und deren Bildebenen mit bezifferten Marken versehen sind, die in verschiedener Entfernung hintereinander sich befinden. Beim Beobachten und Anvisieren eines Objekts erscheint die Marke, welche die Entfernung des Objekts vom Beobachter angibt.

Wenn man eine Beobachtung vornimmt, wird das Instrument erst gegen den Himmel gerichtet und die Okularröhre für jedes Auge scharf eingestellt, d. h. bis die Skalen in beiden Objektiven deutlich und trennscharf erscheinen. Alsdann wird durch Drehen des Kopfes in der Mitte der dem Objekt zugekehrten Seite des Telemeters eine plastische Zickzacklinie der Skala gebildet und das

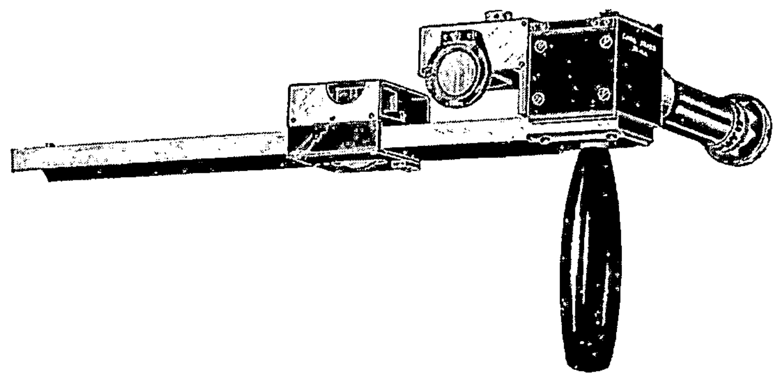

Abb. 8. Handteletop der Firma Carl Zeiß.

Objekt eingestellt, wobei das Telemeter horizontal entweder frei unter fester Aufstützung der Ellbogen in beiden Händen vor sich gehalten, oder auf einem Stativ gelagert wird und die Ablesung vorgenommen wird.

Bei einiger Übung werden die mit dem Telemeter gemessenen Entfernungen bis auf 300 m Entfernung etwa auf 0,5—1%, von 300—500 m auf 1—1,5% und von 500—700 m auf 1,5—2% genau erhalten. Bei größeren Entfernungen nimmt die Genauigkeit weiter ab, besonders bei älteren Instrumenten. Ein Instrument, welches die Eigenschaften des Telemeters und des Gefällsmessers in sich vereinigt, ist das *Teletop* der Firma Carl Zeiß. Es eignet sich sowohl für Entfernungs- als auch Höhen- und Richtungsmessungen und kann entweder mit Stativ oder auch freihändig benutzt werden.

Für Erkundungszwecke ist das Instrument für freihändigen Gebrauch, wie abgebildet, zweckmäßig. Dieses Instrument (Abb. 9) besteht aus einem Fernrohr mit Diopter, einem Entfernungsmesser mit Schiebeprisma für Streckenmessung, sowie einem Maßstab mit Index für Höhenmessung. Für Erkundungszwecke ist der Entfernungsmesser mit Meßkeil 1:1000 und 1:2000 auszurüsten.

Die Meßbereiche bei Keil 1:1000 betragen 12—200 m, bei Keil 1:2000 15—400 m.

Die Genauigkeit der freihändigen Messung hängt von der Übung ab und beträgt 3—5% der Entfernung.

4. *Der Phototheodolit.* Für Zwecke der geographischen Ortsbestimmung sowohl, als auch für topographische Aufnahmen eignen

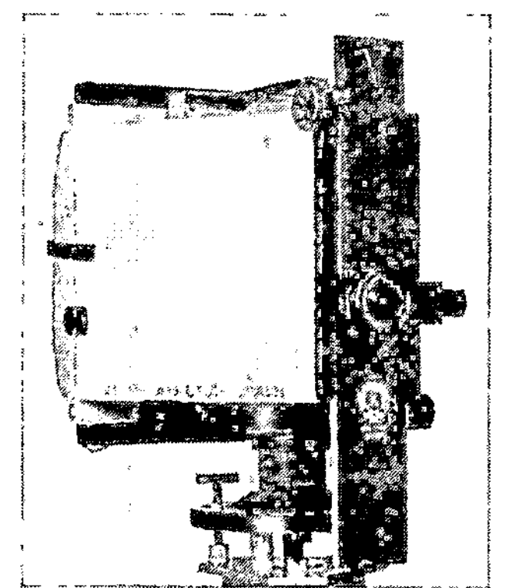

Abb. 9 u. 10. Feld-Phototheodolit der Firma Carl Zeiß.

sich die Phototheodolite. Mit Hilfe photogrammetrischer Aufnahmen lassen sich unter Zuhilfenahme entsprechender Auswertungsgeräte, topographische Karten der aufgenommenen Gebiete fertigen.

Solche Phototheodolite werden sowohl von der Firma Carl Zeiß in Jena, als auch von der Firma Gustav Heyde, Dresden, geliefert. Es gibt Instrumente mit nicht kippbarer und solche mit kippbarer Aufnahmekamera. Letztere ermöglicht unter Zuhilfenahme eines Autokartographen die Herstellung von Karten auch bei geneigter Aufnahmerichtung der Kamera und damit eine rationelle Auswertung der Aufnahmen.

Der neuerdings von der Firma Carl Zeiß herausgebrachte leichte Feld-Phototheodolit (Abb. 9 u. 10) trägt den besonderen Erfordernissen der Stereophotogrammetrie auch ohne Kippungseinrichtung der Kamera Rechnung. Zu diesem Zweck ist das photographische Objektiv längs einer vertikalen Führung verschiebbar. Zwei Okulare an der Rückseite des Apparates bilden zusammen mit dem verschiebbaren Objektiv, zwei Fernrohre.

Das obere Fernrohr dient zur Beobachtung der Tiefenwinkel, das untere zum Beobachten der Höhenwinkel.

Statt der Höhenwinkel wird die vertikale Verschiebung des Objektivs abgelesen, die der Tangente des Höhenwinkels proportional ist. Die Messung der Horizontalwinkel erfolgt an einem Horizontalkreis, über dem sich der ganze Apparat dreht. Die Genauigkeit der Winkelmessungen beträgt 30''. Die Grenzen des Gesichtsfeldes liegen bei einem Bildformat von 13×18 bei 57° horizontal und 72° vertikal. Dieser Phototheodolit eignet sich in hervorragendem Maße für terrestrische photogrammetrische Aufnahmen und ersetzt für Winkelmessungen den gewöhnlichen Theodolit.

Für Luftbildaufnahmen eignen sich die von der Firma Carl Zeiß hergestellten automatischen Reihenbildmeßkammern. Für solche Aufnahmen empfiehlt es sich, sich mit Spezialfirmen, die sich mit der Aufnahme und Auswertung solcher Aufnahmen befassen, in Verbindung zu setzen und solche Aufnahmen durch diese Firmen vornehmen zu lassen. Aus wirtschaftlichen Gründen empfiehlt es sich, Luftbildpläne meist nur im Maßstab 1:10000 anfertigen zu lassen.

C. Personal.

Je nach dem Umfang der Arbeiten, der Zeit, in welcher dieselben zu beenden sind, den klimatischen Verhältnissen, unter denen sie auszuführen sind und den sonstigen Umständen, die sich von Fall zu Fall ergeben, ist die Zusammensetzung und der Umfang des benötigten Personals vorzusehen.

Hierbei wird zu erwägen sein, welches Personal zu Hause und welches in dem Erkundungsland selbst etwa für die Durchführung der Arbeiten gewonnen werden soll.

Je nach dem Kulturzustand des betreffenden Landes wird die Personalbeschaffung daher entweder ganz zu Hause vorzusehen sein, oder nur teilweise zu Hause und teilweise im Lande selbst zu erfolgen haben.

An Personal wird immer benötigt:

ein Expeditionsleiter, welchem die verantwortliche Durchführung der Expedition obliegt;

ein bis zwei Ingenieure, welche die vorzunehmenden Beobachtungen und Aufnahmen bei den einzelnen Erkundungsarbeiten, die ihnen vom Expeditionsleiter zugewiesen werden, auszuführen haben und die bereits mit solchen Arbeiten vertraut sind, sowie ein bis zwei Gehilfen.

Zu diesem Personal kommt in den Neuländern, und besonders in den Kolonien hinzu, ein Expeditionsführer, der in fremdsprachigen Ländern als Dolmetscher und Arbeiteranwerber zu dienen hat, und der als Verwalter der Expeditionsausrüstung auch für die Bereitstellung und Beschaffung der nötigen Transportkräfte und der Beförderungsmittel zu sorgen hat. Ein solcher Expeditionsführer wird zweckmäßig in dem betreffenden Land durch Vermittlung einer Behörde oder eines Konsulats beschafft.

In fremdsprachlichen Ländern, die selbst über technisches Personal verfügen, wird es auch anzustreben sein, außer dem Dolmetscher und Expeditionsführer, auch die etwa erforderlichen technischen Gehilfen dort anzuwerben. Ob weiteres Personal, als benannt, benötigt wird, hängt jeweils von den Anforderungen ab, die vom Auftraggeber an die vorzunehmende Erkundung gestellt werden. Im allgemeinen wird das oben angeführte Personal zur Durchführung der Arbeiten jedoch ausreichen.

III. Geographische Ortsbestimmung.

1. Geographische Begriffe. Die geographische Ortsbestimmung von Punkten der Erdoberfläche erfolgt durch Festlegung ihrer geographischen Breite (φ) und Länge (λ), die auch die geographischen Koordinaten genannt werden.

Die geographische Breite eines Punktes ist der Winkel, welchen die Lotlinie dieses Punktes mit der Äquatorebene bildet, sie wird gekennzeichnet durch das Bogenstück, das der durch diesen Punkt gelegte Meridian zwischen Äquator und Breitenkreis dieses Punktes einschließt und entspricht der Ordinate dieses Punktes.

Die geographische Länge eines Punktes ist der Winkel, den die durch diesen Punkt gelegte Meridianebene mit der Meridianebene bildet, die durch einen als Festpunkt gewählten Nullpunkt

(Greenwich, Ferro) hindurchgeht, sie wird gekennzeichnet durch das Bogenstück, daß die Meridianebenen des Nullpunktes und des betreffenden Punktes auf dem Äquator miteinander bilden und entspricht der Abszisse des Punktes.

Als Meridian bezeichnet man einen Kreis auf der Erdoberfläche, der durch eine Ebene gebildet wird, die durch die Erdachse und die Pole hindurch geht und die senkrecht zur Äquatorebene steht.

Als Breitenkreis bezeichnet man einen solchen Kreis auf der Erdoberfläche, der parallel zum Äquator verläuft und senkrecht zur Erdachse steht.

Vom Äquator bis zum Pol zählen die Breitengrade von 0—90°, und zwar spricht man von nördlicher Breite, wenn sie solche der nördlichen Halbkugel der Erde darstellen und von südlicher Breite, wenn sie sich auf solche der südlichen Halbkugel beziehen.

Die Längengrade oder Meridiane, die gewöhnlich auf Greenwich bezogen werden, zählen von 0—180° östlich oder westlich von Greenwich.

Außer Karten mit dem Meridian von Greenwich als Nullmeridian, existieren auch solche, welche den Meridian von Ferro als Nullpunkt haben, derselbe liegt rd. 22° 20′ westlich von Greenwich.

2. Sphärische Begriffe. Um die geographische Ortsbestimmung eines Punktes der Erdoberfläche vornehmen zu können, ist die Kenntnis einiger astronomischer Begriffe Voraussetzung.

Die Ortsbestimmungen erfolgen durch Beobachtung der Gestirne, indem die Lage dieser Gestirne zu der Erde in gewisse Beziehungen gebracht wird, welche die vorzunehmenden Messungen bedingen.

Zu diesem Zweck wird die Annahme gemacht, daß das Himmelsgewölbe eine Kugel darstellt, die mit der Erde gemeinsamen Mittelpunkt und gemeinsame Achsen hat.

Die bis zum Himmelsgewölbe verlängerte Erdachse nennt man Weltachse. Als Himmelsäquator bezeichnet man den Kreis, den die Verlängerung der Äquatorebene der Erde auf der Himmelskugel bildet.

Die zum Himmelsäquator parallelen Kreise auf der Himmelskugel bezeichnet man als Deklinationskreise, sie entsprechen den zum Äquator parallelen Breitenkreisen auf der Erdoberfläche.

Die Kreise, welche die Verlängerung der Meridianebenen der Erde auf dem Himmelsgewölbe beschreiben, nennt man **Himmelsmeridiane- oder Stundenkreise**. Die Meridiane schneiden sich in den Polen des Himmelsgewölbes.

Das auf Himmelsäquator und Stundenkreis basierte Koordinatensystem bezeichnet man als **Äquatorsystem**.

Die Astronomie hat außerdem noch das **bewegliche Koordinatensystem**. Es hat seinen Namen daher, weil es für jeden

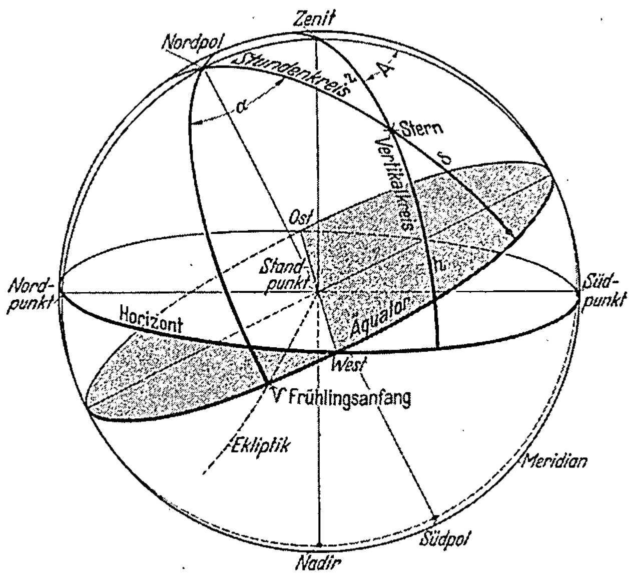

Abb. 11. Sphärisches Himmelsgewölbe.

Standpunkt des Beobachters wechselt. Die Achsen dieses Systems werden mit der Lotlinie in Beziehung gebracht, die in dem Standpunkt des Beobachters errichtet wird und deren Verlängerung bis zum Himmelsgewölbe nach oben den **Zenit**, und nach unten den **Nadir** liefert (Abb. 11). Die eine Achse des beweglichen Koordinatensystems liefert die Schnittlinie der Ebene mit der Himmelskugel, welche senkrecht zur Zenitlinie im Standpunkt des Beobachters errichtet wird und die als **scheinbarer Horizont** bezeichnet wird. Die dazu parallele durch den Mittelpunkt der Erde gedachte Ebene wird als **wahrer Horizont** bezeichnet. Die andere Achse liefert die Schnittlinie der auf dem Horizont senkrecht stehenden, durch Zenit und Pol gehenden Ebene mit der Himmelskugel, sie wird als Vertikalkreis im Gegensatz zum Stundenkreis bezeichnet.

Der Sehstrahl eines anzuvisierenden Sternes bildet mit der Zenitlinie einen Winkel, den man als Zenitdistanz des Sterns bezeichnet, sie wird gemessen durch das Bogenstück (z), das der durch diesen Stern gelegte Vertikalkreis zwischen Zenit und Stern einschließt. Seine Ergänzung zu 90° bezeichnet man als Polhöhe (h).

Die Koordinaten eines Gestirns in bezug auf das bewegliche Koordinatensystem, werden durch die Zenitdistanz, oder seine Polhöhe und durch sein Azimut bezeichnet.

Unter Azimut (A) eines Sternes versteht man den Winkel, der durch den Vertikalkreis des betreffenden Sterns und den Meridian des Beobachtungsstandpunktes gebildet wird.

Die Koordinaten eines Sterns in bezug auf das Äquatorsystem werden als Rektascension und Deklination bezeichnet.

Unter Rektascension (α) versteht man den Bogen auf dem Äquator zwischen Frühlingsanfang (Υ) und dem Stundenkreis des Sternes in Richtung West-Ost.

Unter Deklination (δ) versteht man die Stellung eines Sternes auf seinem Stundenkreis über oder unter dem Äquator.

Frühlingsanfang ist der Punkt des Himmelsäquators, in dem die Sonne steht, wenn sie von der südlichen nach der nördlichen Halbkugel übergeht oder dekliniert. Es ist dies der Schnittpunkt des Himmelsäquators mit der Ekliptik.

Unter Ekliptik versteht man die Kreisebene, in der sich die Sonne scheinbar bewegt und die gegen die Weltachse um $66\frac{1}{2}$ Grad geneigt ist. Die zur Ekliptik senkrecht gedachten Kreise heißen Breitenkreise.

Die Punkte, in denen ein jeweiliger Himmelsmeridian die wahre Horizontebene schneidet, bezeichnet man als Nordpunkt und Südpunkt, die zugehörigen Schnittpunkte der Horizontalebene mit der Äquatorebene als Ost- und Westpunkt.

Der Meridian eines Ortes ist derjenige Stundenkreis, der durch Pol, Nadir und Zenit hindurchgeht.

Beim geographischen Erdsystem wird der Erdäquator in 360° geteilt und die Winkelmessungen darauf basiert; die Teilung geschieht im Sinne der Umdrehung der Erde. Beim astronomischen System wird der Himmelsäquator in 24 Stunden geteilt. Diese Teilung ist dem Sinne der Erdumdrehung entgegen gerichtet. Ein Stundenwinkel ist daher $360 : 24 = 15°$, und es bestehen zwischen Grad und Zeitteilung folgende Relationen:

$$\left.\begin{array}{l} 1° = 4^{m} \\ 1' = 4^{s} \\ 1'' = {}^{1}/_{15}{}^{s} \end{array}\right\} \text{Zeit} \qquad \left.\begin{array}{l} 1^{h} = 15° \\ 1^{m} = 15' \\ 1^{s} = 15'' \end{array}\right\} \text{Gradbogen}$$

Entsprechend dem Nullmeridian der Erde für die Gradteilung (Greenwich, Ferro) bildet für die Gestirne der Frühlingsanfang den Nullmeridian.

Aus den Beziehungen, welche Nordpol, Zenit und Stern des sog. astronomischen oder Polardreiecks zueinander bilden,

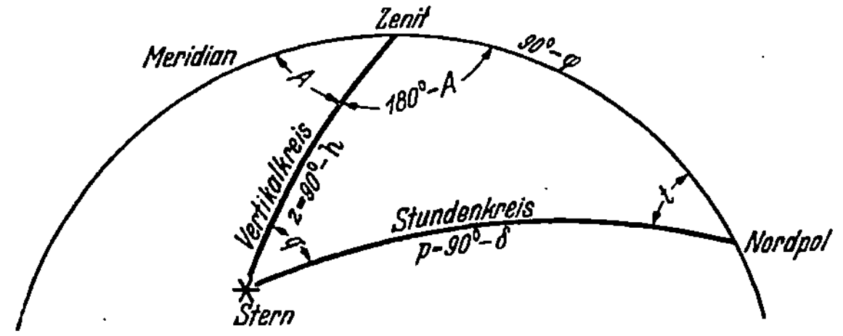

Abb. 12. Astronomisches Polardreieck.

lassen sich die für die geographische Ortsbestimmung eines Punktes der Erde notwendigen Elemente ableiten.

Die Seiten dieses Dreiecks werden aus den Werten $90° - \varphi$, z und p gebildet. Die Winkel aus den Werten $180° - A$, q und t gebildet (Abb. 12). Hierin bedeutet:

$90° - \varphi = $ Komponente der geogr. Breite des Beobachtungsortes,

$z = $ Zenitdistanz des Sternes,

$p = $ Poldistanz des Sternes,

$180° - A = $ Supplement des Azimuts des Sternes,

$q = $ sog. parallelaktischer Winkel des Sternes,

$t = $ Winkel zwischen Meridian und Stundenkreis (Stundenwinkel).

3. Elemente der geographischen Ortsbestimmung. Um die geographische Ortsbestimmung eines Punktes der Erdoberfläche vornehmen zu können, sind folgende Messungen auszuführen:

1. Zenitdistanz z,
2. das Azimut A.

Diese Messungen werden mittels eines über dem Beobachtungspunkt aufgestellten Theodoliten ausgeführt.

Hierbei entspricht, wenn der Theodolit genau berichtigt und zentriert aufgestellt ist, die Vertikale oder Lotachse desselben der Zenitlinie. Die Kippachse des Fernrohrs dem Horizont und die dazu senkrechte Fernrohrachse dem Vertikalkreis.

Ferner werden als 3. Beobachtung mit einem Chronometer die genauen Zeiten notiert und mit Hilfe der astronomischen Jahrbücher die erforderlichen Umrechnungen vorgenommen.

In den astronomischen Jahrbüchern sind für die Sonne, Mond und Planeten die Zeiten in bezug auf einen Nullmeridian angegeben. Für den Meridian von Greenwich ist dies der Nautical Almanac. Bei jeder Beobachtung ist das Datum, an welchem diese ausgeführt wurde, zu notieren, ebenso der Wochentag, da sich die Datumsgrenze von Ost nach West verschiebt. Es ist daher bei Überschreitung dieser Grenze in diesem Sinne ein Tag zu überschlagen, oder in umgekehrtem Sinne ein Tag doppelt zu zählen.

Die Zeit, welche zwischen zwei Kulminationen eines Sternes auf dem Beobachtungsmeridian verstreicht, bezeichnet man als Sterntag, die Zeit, welche die Sonne hierzu benötigt, als wahrer Sonnentag.

Wegen der Umdrehung der Erde um die Sonne ist dieser Sonnentag verschieden und etwas länger als ein Sterntag, für astronomische Messungen tritt an dessen Stelle der mittlere Sonnentag, er entspricht $24^h\,3^m\,56{,}6^s$ Sternzeit.

Es gelten daher die Beziehungen:

$$1^h \text{ mittlerer Sonnenzeit} = 1^h + 9{,}86^s \text{ Sternzeit,}$$
$$1^h \text{ Sternzeit} = 1^h - 9{,}83^s \text{ mittlerer Sonnenzeit.}$$

Der Unterschied zwischen mittlerer und wahrer Sonnenzeit ist die Zeitgleichung. Diese Werte finden sich in den astronomischen Jahrbüchern für jeden Mittag berechnet, sie werden benötigt, wenn man aus einer Sonnenbeobachtung, also der wahren Sonnenzeit die mittlere Sonnenzeit ermitteln will.

Bei den geographischen Ortsbestimmungen handelt es sich in der Regel darum, aus der gemessenen Zenitdistanz und dem gemessenen Azimut den Stundenwinkel t abzuleiten und damit Länge λ und Breite φ eines Standorts zu ermitteln.

4. Zeitbestimmung. Die Zeitbestimmung wird mittels eines Chronometers vorgenommen. Es handelt sich hierbei meist darum, auf Grund der abgelesenen Uhrzeit U die Ortszeit zu ermitteln, d. h. die Uhrkorrektion $\varDelta U$ durch Messung korrespondierender Zenitdistanzen z der Sonne festzustellen, dann ist $\varDelta U = \frac{1}{2}(U_1 + U_2)$.

Da bei der Sonne bei gleichbleibenden Zenitdistanzen die Deklination δ sich ändert, so ist zu der obigen Uhrkorrektion noch die **Mittagsverbesserung** m anzubringen, dieselbe ist

$$m = dt\left(\frac{tg\,\varphi}{\sin t} - \frac{tg\,\delta}{tg\,t}\right)d\delta \text{ in wahrer Zeit.}$$

Sind U_1 und U_2 die in mittlerer Zeit ausgedrückten Beobachtungszeiten der Sonne Vor- und Nachmittag, U_0 die Uhrzeit des wahren Mittags und t der mit dem δ der ersten Beobachtung errechnete Stundenwinkel, dann ist

$$U_1 = U_0 - t,$$
$$U_2 = U_0 + t + dt$$

und daraus $U_0 = \frac{1}{2}(U_1 + U_2) - \frac{1}{2}\,dt$.

Ist U die Zeit des wahren Mittags in mittlerer Zeit oder in Sternzeit ausgedrückt, je nach der Zeit, in welcher U_0 gegeben wird, so ist die Uhrkorrektion $\varDelta U = U - U_0$.

Für eine z. B. nach mittlerer Zeit gehende Uhr wird, wenn die Zeitgleichung für den mittleren Mittag gegeben ist, die wahre Zeit des mittleren Mittags

$$U = 24^{\mathrm{h}} - \text{Zeitgleichung}$$

und daraus $\varDelta U = U - U_0$.

Es genügt dt in mittlerer Zeit anzugeben und mit dem δ zu berechnen das für den Mittag gilt.

Die stündliche Veränderung von δ, die man also mit der Zeit zwischen zwei Beobachtungen in Stunden ausgedrückt, zu multiplizieren hat, um δd zu erhalten, findet man in den N. A.

δd wird in Bogensekunden angegeben,

$\frac{1}{2}\,d\delta$ ist in Zeitsekunden umzuwandeln, was durch Division durch 30 geschieht.

5. Längenbestimmung. Hierbei handelt es sich darum, den Zeitunterschied zweier Orte zu ermitteln. Dies kann auf verschiedene Weise geschehen. Für die Zwecke der Erkundung wird gewöhnlich die Zeit des einen Ortes mittels Chronometer auf diejenige des anderen Ortes übertragen.

Wird auf dem ersten Ort A der Stand des Chronometers gegen Ortszeit T_a in der Zeit U_a mit $\Delta\mu_a$ und sein täglicher Gang mit $\delta\mu_a$ ermittelt und auf dem Ort B mit T_b in der Zeit U_b mit $\Delta\mu_b$ und $\delta\mu_b$ bestimmt und wird die Zeit der Reisedauer mit D = Anzahl der zwischenliegenden Tage $(T_b - T_a) + (U_b - U_a)$ angegeben, worin also U_a und U_b die Uhrenangaben bei den Zeitbestimmungen in A und B sind, so ist

$$\text{Längendifferenz } \lambda = \Delta\mu_a + D\,\frac{\delta\mu_a + \delta\mu_b}{2} - \Delta\mu_b.$$

Es sind wenigstens zwei Uhren auf beiden Standorten abzulesen und ist für jede Uhr λ zu bestimmen und aus den Ergebnissen beider das Mittel zu bilden, um das berichtigte λ als Längendifferenz zu erhalten.

6. Breitenbestimmung. Die Breitenbestimmung erfolgt gewöhnlich aus Beobachtung der Sonnen-Mittagshöhen und Messung der Zenitdistanzen (z), Zirkummeridian-Zenitdistanzen.

Sie geschieht nach der Formel $\varphi = \delta + z_0$, hierin bedeutet δ die Deklination der Sonne, z_0 die Zenitdistanz der Sonne während der Kulmination.

Es wird aber nicht z_0 gemessen, sondern die Zenitdistanzen z in der Nähe des Meridians in den Stundenwinkeln t, die größer als z_0 sind, und zwar um Beträge Δz die von t abhängen.

Es ist $z_0 = z - \Delta z$, daher $\varphi = \delta + (z - \Delta z)$. Der Wert Δz wird erhalten durch Näherung aus der Gleichung

$$\sin\tfrac{1}{2}\,\Delta z = \frac{\cos\varphi\cos\delta}{\sin(z - \tfrac{1}{2}\Delta z)} \cdot \sin^2\tfrac{1}{2}\,t$$

oder wenn t nicht mehr als 30^{m} beträgt, was Voraussetzung für die Genauigkeit der Breitenbestimmung aus Zirkummeridian-Distanzen ist

$$\tfrac{1}{2}\,\Delta z = \frac{\cos\varphi\cos\delta}{2\sin(z - \tfrac{1}{2}\Delta z)} \cdot \frac{2\sin^2\tfrac{t}{2}}{\sin 1''}$$

und $\varphi = \delta + \left(z - \dfrac{\cos\varphi\cos\delta}{2\sin(\varphi - \delta)} - \dfrac{2\sin^2\tfrac{t}{2}}{\sin 1''} \right)$, da z_0 und z nicht sehr voneinander abweichen, so kann für $2\sin(z - \frac{1}{2}\varDelta z)$ auch $2\sin \frac{1}{2}(z_0 - z)$ und für $\sin z_0 = \sin(\varphi - \delta)$ gesetzt werden.

Den Ausdruck $\dfrac{2\sin^2 \frac{t}{2}}{\sin 1''}$ bezeichnet man mit m. Hierfür sind in den Albrechtschen Tafeln Werte errechnet, die ihn für die jeweiligen Angaben von t zu entnehmen gestatten.

Durch die große Veränderlichkeit, welche die Deklination der Sonne während der Beobachtung erfährt, wird die Genauigkeit der Breitenbestimmung sehr beeinflußt. Man nimmt deshalb zur Berechnung der Verbesserung, welche durch diesen Umstand hervorgerufen wird, die Deklination, welche bei der Kulmination der Sonne im wahren Mittag stattfindet und rechnet den Stundenwinkel nicht von der Zeit t_0 des Meridiandurchgangs ab, sondern von der Zeit des größten t. Wenn μ die Deklinationsänderung in Bogensekunden während 48 Stunden bezeichnet, so ist die Verbesserung in Zeitsekunden $t - t_1 = \dfrac{\mu}{188,5}(\operatorname{tang}\varphi - \operatorname{tang}\delta)$.

Neben dieser Verbesserung sind für die gegebenen Zenitdistanzen noch diejenigen, welche sich aus der Refraktion, dem Sonnenhalbmesser und der Höhenparallaxe ($8''$, $8\sin z$) ergeben, hinzuzufügen.

7. **Messung der Zenitdistanz.** Bei diesen Messungen wird, nachdem an dem horizontal gestellten Instrument der Zielpunkt in das Gesichtsfeld gebracht und auf den Horizontalfaden eingestellt worden ist, in beiden Kreislagen „links“ und „rechts“ abgelesen.

Bei berichtigtem Instrument, dessen Teilung nach Zenitdistanzen, also durchlaufend von 0—360° ist, muß die Summe beider Ablesungen am Nonius I und Nonius II $= 360°$ sein. Der halbe Unterschied zwischen 360° und der Summe der beiden Nonien-Ablesungen, also $\dfrac{360 - (N_1 + N_2)}{2}$ heißt der **Indexfehler**. Wird er an N_1 und N_2 angebracht, so erhält man die wahre Zenitdistanz des Zielpunktes.

Ziel	Kreis-lage	Nonius I			Nonius II			Mittel			Index Fehler	Richtige Zenitdist.		
		°	′	″	°	′	″	°	′	″		°	′	″
S	l	62	30	40	241	30	20	62	30	30	—15″	62	30	15
	r	297	30	00	118	30	00	297	30	00	—15″	297	29	45
		360	00	40	360	00	20	360	00	30	—30	360	00	00

8. Berichtigung der Zenitdistanz. Die in den astronomischen Formeln enthaltenen Größen sind alle auf den wahren Horizont, also auf den Erdmittelpunkt bezogen, sie berücksichtigen nicht die Einflüsse, welche die Wirkung der Strahlenbrechung in der Erdatmosphäre ausübt. Um diese Wirkungen in Rechnung zu ziehen, sind die Berichtigungen infolge Parallaxe, Refraktion und Halbmesser der Sonne anzubringen.

a) Parallaxe. Hierunter versteht man die Reduktion einer gemessenen Zenitdistanz auf den Erdmittelpunkt. Es ist dies also der Winkel, unter welchem vom Gestirn aus gesehen der Radiussektor des Beobachtungsortes erscheint. Die Werte hierfür können aus den astronomischen Jahrbüchern entnommen werden.

b) Refraktion. Hierunter versteht man die Ablenkung des Lichtstrahls der von der Sonne zum Beobachter kommt, von der geraden Linie. Diese Ablenkung wird durch den Einfluß der Atmosphäre hervorgerufen. Durch den Einfluß der Refraktion wird die Höhe der Zenitdistanz vergrößert oder verkleinert. Ihr Wert ist im ersteren Falle zu subtrahieren, im zweiten zu addieren.

Die Größe dieses Wertes ist nicht allein von der Zenitdistanz, sondern auch von der Temperatur und dem Luftdruck abhängig, sie sind daher bei der Beobachtung mit anzugeben. Auch diese Werte können aus den Tafeln der nautischen Jahrbücher entnommen werden.

c) Stellt das zu beobachtende Gestirn wie bei der Sonne eine Scheibe dar, so werden bei der Beobachtung nur die Ränder anvisiert und die so gemessenen Winkel werden noch durch Anbringung des für die Sonne giltigen Radius auf das Zentrum reduziert. Dabei ist es empfehlenswert, wenn die Messungen einmal auf den oberen und einmal auf den unteren Sonnenrand erfolgen. Die nautischen Jahrbücher enthalten auch hierüber die nötigen Angaben.

9. Azimutbestimmung aus korrespondierenden Sonnenhöhen. Wenn auf einem Beobachtungspunkt O das Azimut α, etwa zu einer Polygonseite OX der Reiseroute bestimmt werden soll, so wird in zwei Zeitabschnitten vor und nach dem voraussichtlichem wahren Mittag eine Beobachtung der Sonne in gleicher Zenitdistanz z_v und z_n vorgenommen. Dies geschieht, indem nach sorgfältiger Horizontalstellung des Instruments der Horizontalfaden des Fernrohrs auf den oberen Sonnenrand des Fernrohrs eingestellt wird und den Vertikalfaden auf den östlichen Sonnenrand richtet. Hierauf wird, nachdem das Fernrohr in dieser Lage mittels der Stellschraube festgeklemmt ist, der Winkel A_v abgelesen. Alsdann wird bei unveränderter Höhenstellung des Fernrohrs die Sonne verfolgt bis der Horizontalfaden wieder den oberen Sonnenrand berührt, in welchem Augenblick auch der Vertikalfaden auf den westlichen Sonnenrand eingestellt und am Horizontalkreis der Winkel A_n abgelesen wird. Es ist dann $\dfrac{A_v + A_n}{2}$ der wahre Mittag

A_m. Wird nun der Winkel $A_m - X$ gemessen, so ist dieser Winkel das Azimut α (Abb. 13).

Für genaue Messungen ist jedoch noch die Deklinationsveränderlichkeit der Sonne zu berücksichtigen und die Verbesserung

$$v'' = \pm \frac{t\,D}{\cos \varphi \sin 15\,t}$$

ist anzubringen.

Hierin ist φ die angenäherte geographische Breite von 0 und t, die zwischen den beiden Beobachtungen der

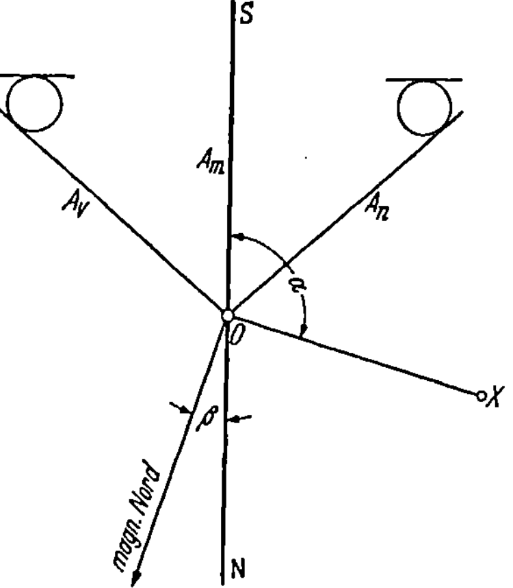

Abb. 13. Azimutbestimmung aus korresp. Sonnenhöhen.

Sonne verstrichene halbe Zeit in Zeitminuten ausgedrückt, während D die Deklinationsänderung der Sonne in einer Minute am Beobachtungstage darstellt und $15\,t$ die in Bogenmaß verwandelte Zeit angibt. Es ist somit der richtige Meridian $A_m \pm v''$. Für abnehmende Deklination gilt das positive, für zunehmende das negative Zeichen.

10. Mißweisung der Magnetnadel. Hierunter versteht man den Winkel β, welchen die Magnetnadel, oder der magnetische Meridian mit dem astronomischen Meridian bildet. Die magnetische Mißweisung wird erhalten, indem man nach Vornahme einer Azimutbestimmung aus korrespondierenden Sonnenhöhen das Fernrohr auf den astronomischen Meridian einstellt und den Winkel mißt, bzw. abliest. Alsdann wird auf das Instrument die Aufsatzbussole gesetzt und der Horizontalkreis des Instruments gedreht, bis die

Achse des Fernrohrs mit der Richtung der Magnetnadel zusammenfällt und der Winkel am Horizontalkreis abgelesen. Es geschieht dies am besten dadurch, daß in der Richtung der Magnetnadel ziemlich weit entfernt ein Stab einvisiert wird, auf welchen dann das Fernrohr gerichtet wird. Die Differenz beider Winkel ergibt die magnetische Mißweisung.

Es gibt verschiedene Arten der Bestimmung von Zeit, der geographischen Länge und Breite, die nicht alle gleichwertig sind.

Die Uhrkorrektion erhält man am sichersten aus der Beobachtung korrespondierender Höhen der Sonne. Die Breite aus der Messung der Zirkummeridianhöhen dieses Gestirns.

Für die Längenbestimmung ist die genaueste die Beobachtung der Monddistanzen, die aber bei Erkundungen nicht immer anzuwenden ist, hierfür liefert genäherte Werte die direkte Zeitübertragung mittels guter Chronometer.

11. Beispiele. Die vorstehenden Ausführungen über die geographischen Ortsbestimmungen sollen nur einen allgemeinen Überblick über die einzelnen Begriffe und die Kenntnis der verschiedenen Elemente geben, um die nötigen Beobachtungen bei der Vornahme geographischer Ortsbestimmungen ausführen zu können und um zu wissen, worauf es ankommt.

Die Auswertung der Beobachtungen wird zweckmäßigerweise durch Geodäten getätigt. Die folgenden Beispiele sollen zur Erläuterung dienen.

1. Zeitbestimmung aus korrespondierenden
Sonnenhöhen.

Instrumente: Universal mit Nonien,
Chronometer nach mittlerer Ortszeit.

Gestirn: Oberer und unterer Sonnenrand Vor- und Nachmittags.

Gemessen: Korrespondierende Zenitdistanzen der Sonne, Uhrzeiten U_v und U_n.

Gesucht: Uhrkorrektion $\varDelta U$.

Datum: 2. Oktober 1933, $\varphi = 52°\ 30,3''$.

Instrumentenfehler: $i = -12''\quad k = 10''\quad \varDelta z = 0'$.

Sonnenrand	Einstellung·Höhenkreis	Uhrablesung		Unverbesserter Mittag $\frac{1}{2}\,(U_v + U_n)$
		U_v	U_n	
	67° 00′	9ʰ 14ᵐ 07,6ˢ	2ʰ 27ᵐ 30,8ˢ	11ʰ 50ᵐ 49,2ˢ
	66° 30′	16ᵐ 24,2ˢ	25ᵐ 23,8ˢ	49ˢ
	66° 00′	18ᵐ 20,8ˢ	23ᵐ 16ˢ	48,4ˢ
	64° 30′	29ᵐ 38,2ˢ	11ᵐ 19,2ˢ	48,7ˢ
	64° 00′	31ᵐ 54,4ˢ	8ᵐ 44ˢ	49,2ˢ
	63° 30′	34ᵐ 11,4ˢ	7ᵐ 27,4ˢ	49,4ˢ

$$11^h\ 50^m\ 49^s$$

Die Berechnung erfolgt nach der Formel

$$m^s = -A\mu\ \mathrm{tg}\ \varphi + B\mu\ \mathrm{tg}\ \delta,$$

hierin bedeutet

$$A = \frac{\tau}{\sin\tau}\cdot\frac{1}{720} \qquad B = \frac{\tau}{\mathrm{tg}\ \tau}\cdot\frac{1}{720} \qquad \tau = \tfrac{1}{2}\,(U_n - U_v)$$

und μ die 48 stündige Deklinationsänderung der Sonne im wahren Mittag.

Nach dem Nautical Almanac für den wahren Mittag des Beobachtungsortes am 2. Oktober 1933 und für den Ort $0{,}9^h$ östlich von Greenwich gilt folgendes:

Greenwich wahrer Mittag $\delta\odot$ $= -3° 12′ 57{,}2''$ $\quad \varDelta\odot\delta = -58{,}23''$
Redukt. a. Berl. w. Mittag $(0{,}9^h \cdot 58{,}23'') = +\quad 52{,}4$

Berl. wahrer Mittag $\qquad = -3° 12′ 04{,}8''$
Zeitgleichung (wahrer Greenw. Mittag) $= -\quad 10^m 18{,}70^s$
Redukt. auf Berl. w. Mittag $(0{,}9^h \cdot 0{,}8^s) = +\quad 0{,}7$

Zeitgleichung (wahrer Berliner Mittag) $= -\quad 10^m 18{,}00^s$

$\mu = (\delta\odot$ Okt. 3 $- \delta\odot$ Okt. 1) reduz.
auf Berlin $\qquad\qquad = \qquad\qquad 2794{,}6''$

$$2\,\tau = \frac{\varSigma\,(U_n - U_v)}{n} \qquad = \quad 4^h 53^m 27{,}4^s$$

$$\tau = \qquad\qquad 2^h 26^m 43{,}7^s.$$

Nach obiger Formel und nach den Albrechtschen Hilfstafeln Nr. 24, 43 und 45 ist

$$\log A = 7{,}7548 \qquad\qquad \log B = 7{,}6590$$
$$\log \mu = 3{,}4463\,n \qquad\qquad \log \mu = 3{,}4463\,n$$
$$\log \mathrm{tg}\ \varphi = 0{,}1151 \qquad\qquad \log \mathrm{tg}\ \delta = 8{,}7477\,n$$

$$-20{,}7^s = 1{,}3162\,n \qquad\qquad +0{,}7^s = 9{,}8530$$

daher $m = 20{,}7^s + 0{,}7^s$	$= 21{,}4^s$
Unverbesserter Mittag im Mittel	$= 11^h 50^m 49{,}0^s$
Im wahren Mittag Uhrablesung	$= 11^h 51^m 10{,}4^s$
Mittlere Zeit im wahren Berliner Mittag	
$(12^h +$ Zeitgleichung $- 10^m 18{,}0^s)$	$= 11^h 49^m \quad 42^s$
Gesuchte Uhrkorrektur gegen M. Z.	$\varDelta U = - \quad 1^m 28{,}4^s$

2. Längenbestimmung durch direkte Zeitübertragung.

Instrumente: vier Chronometer.

Gemessen: Uhrstände $\varDelta U$ und tägliche Gänge $\varDelta^2 U$,

im Westen (W), in Greenwich und im Osten (O) Mauritius;

Gesucht: der Längenunterschied $\lambda_{\text{W. O.}}$

Datum: $W =$ Juni 17 0^n 9^m Nm.,

$O =$ August 6 20^h 14^m Vm.

Beobachtung:

Chrono-meter	$\varDelta U_w$	$\varDelta U_o$	$\varDelta^2 U_w$	$\varDelta^2 U_o$	$\frac{1}{2}(\varDelta^2 U_w + \varDelta^2 U_o)$
I	$-0^h 2^m 46{,}1^s$	$+3^h 46^m 41{,}5^s$	$-1{,}24^s$	$-0{,}60^s$	$-0{,}92^s$
II	$-0^h 5^m 37{,}6^s$	$+3^h 41^m 50{,}2^s$	$-3{,}77^s$	$-3{,}48^s$	$-3{,}63^s$
III	$-0^h 5^m 15{,}7^s$	$+3^h 42^m 49{,}3^s$	$-2{,}67^s$	$-2{,}68^s$	$-2{,}68^s$
IV	$-0^h 4^m 59{,}2^s$	$+3^h 43^m 56{,}5^s$	$-2{,}27^s$	$-0{,}96^s$	$-1{,}62^s$

Anzahl der Tage $U_o - U_w = 49{,}837$

$\log (U_o - U_w) \quad = \quad 1{,}69755$

Berechnung:

$\log \frac{1}{2}(\varDelta^2 U_w + \varDelta^2 U_o)$	$\log\left[(U_o - U_w)\, \frac{1}{2}(\varDelta^2 U_w + \varDelta^2 U_o)\right]$	$(U_o - U_w)\, \frac{1}{2}(\varDelta^2 U_w + \varDelta^2 U_o)$	$\varDelta U_w - \varDelta U_o$
$9{,}963\,79\,n$	$1{,}661\,34$	$-0^m 45{,}8^s$	$-3^h 49^m 27{,}6^s$
$0{,}559\,91\,n$	$2{,}257\,46$	$-3^m \quad 0{,}9^s$	$-3^h 48^m 27{,}8^s$
$0{,}428\,13\,n$	$2{,}125\,68$	$-2^m 13{,}6^s$	$-3^h 48^m 0{,}50^s$
$0{,}209\,53\,n$	$1{,}907\,08$	$-1^m 20{,}7^s$	$-3^h 48^m 55{,}7^s$

Spalte 3 und 4 ergeben:

$$\lambda_{\text{wo}} = \varDelta U_w - \varDelta U_o + (U_o - U_w) \cdot \tfrac{1}{2}(\varDelta^2 U_w + \varDelta^2 U_o)$$

$$= - 3^h 50^m \left.\begin{array}{r} 13{,}4^s \\ 28{,}7^s \\ 18{,}6^s \\ 16{,}4^s \end{array}\right\} \quad \frac{77{,}1}{4} = 19{,}3 \ .$$

Im Mittel $\lambda = - 3^h 50^m 19{,}3^s$ (östlich von Greenwich).

3. Breitenbestimmung aus korrespondierenden Sonnenhöhen.

Instrumente: Universal mit Mikroskop,
                Chronometer nach mittlerer Ortszeit.

Gestirn: Oberer Sonnenrand kurz vor und nach der Kulmination.

Gemessen: Zenitdistanzen kurz vor und nach der Kulmination und Uhrzeiten.

Gesucht: Die geographische Breite φ des Beobachtungsortes $\varphi = 52°\ 30'$.

Datum: 16. August 1933.

Instrumentenfehler $i = -8''$ $k = +10''$ $\varDelta z = 0$ $\varDelta = 0$.

Barometer: $= 754$ mm Temperatur $= 20°$ C.

Berechnung:

Kreislage	Uhrzeit	Zenitdistanz des oberen Sonnenrand $z\ \overline{\odot}$	Angaben aus dem N. A. interpoliert f. d. wahr. Berl. Mittag
Kr. R	$23^{\mathrm{h}}\ 58^{\mathrm{m}}\ 35,2''$	$38°\ 11'\ 05,0''$	$\delta\ \odot = +\ 14°\ 03'\ 13,3''$
Kr. L	$01^{\mathrm{m}}\ 55,2''$	$10'\ 56,0''$	$R\ \odot =\quad 15'\ 49,3''$
Kr. L	$06^{\mathrm{m}}\ 35,7''$	$10'\ 48,0''$	Zeitgl. $= +\ 4^{\mathrm{m}}\ 20,2^{\mathrm{s}}$
Kr. R	$10^{\mathrm{m}}\ 05,2''$	$11'\ 08,0''$	$\pi\odot = 8,7''\ \mu = -\ 37'\ 50,3''$
	Mittel	$38°\ 10'\ 59,2''$	(Parallaxe) $= -\ 2250.3''$

$$
\begin{aligned}
z\,\overline{\odot} &= 38°\ 10'\ 59,2'' & \log \cos \varphi &= 9{,}784\,45 \\
\text{Refraktion} &= +\quad 45,4'' & \log \cos \delta &= 9{,}986\,80 \\
R\ \odot &=\quad 15'\ 49,39'' & &\overline{\quad 9{,}771\,25}
\end{aligned}
$$

Höhen/Parallaxe:

$$
\begin{aligned}
(\pi \sin z) &=\qquad 5,4'' & \log \sin(\varphi - \delta)\ &9{,}793\,64 \\
z\ \odot &= 38°\ 27'\ 28,5'' & \log A\quad\quad &9{,}977\,61 \\
\delta\ \odot &= 14°\ 03'\ 13,3'' & \log 188,5\quad &2{,}275\,31 \\
\delta + z &= 52°\ 30'\ 41,8'' & \overline{\log A\ 188,5\quad 2{,}252\,92} & \quad\text{oben von} \\
& & \log u\qquad\quad 3{,}852\,24 & \quad\text{unten}
\end{aligned}
$$

$$
y^{\mathrm{s}} = \qquad -12,6^{\mathrm{s}} \qquad \log \frac{\mu}{188};\frac{1}{A} = 1{,}099\,32 = \log y^{\mathrm{s}}.
$$

$M =$ Uhrzeit im wahren Mittag
$0^{\mathrm{h}} +$ Zeitgl. $= \overline{0^{\mathrm{h}}\ 04^{\mathrm{m}}\ 20,2''}$

$M =$ Uhrzeit der größten Sonnenhöhe $= 0^{\mathrm{h}}\ 04^{\mathrm{m}}\ 07,6^{\mathrm{s}}$.

Die Stundenwinkel für die beobachteten Zenitdistanzen sind gleich der mittleren Uhrzeit der größten Sonnenhöhe ($0^{\mathrm{h}}\ 04^{\mathrm{m}}\ 07,6^{\mathrm{s}}$), weniger die beobachteten Uhrzeiten (Spalte 2):

$$\text{also Stundenwinkel } t - y = \quad 5^{\mathrm{m}}\ 32{,}4^{\mathrm{s}}$$
$$= \quad 22^{\mathrm{m}}\ 12{,}4^{\mathrm{s}}$$
$$= -2^{\mathrm{m}}\ 28{,}1^{\mathrm{s}}$$
$$= -5^{\mathrm{m}}\ 57{,}6^{\mathrm{s}}$$

$$\text{Im absoluten Mittel} \qquad = \frac{16^{\mathrm{m}}\ 10{,}5^{\mathrm{s}}}{4} = 4^{\mathrm{m}}\ 0{,}6^{\mathrm{s}}.$$

Diesen Mittelwert von $(t - y)$ in die Formel für die Breitenbestimmung eingesetzt, erhält man mit Tafel 10 u. 11 von Albrecht, für C und $(t - y)^2$ schließlich

$$\delta + z = 52^\circ\ 30'\ 41{,}8''$$
$$C\,(t - y)^2 \cdot \qquad = \qquad -26{,}8''$$
$$\varphi = \text{Ortsbreite} = 52^\circ\ 30'\ 15''$$

IV. Barometrische Höhenmessungen.

1. Vorzunehmende Beobachtungen. Den Ausgangspunkt für die barometrischen Höhenmessungen bildet entweder die Meereshöhe oder ein fester, der Höhe nach bestimmter Punkt. Auf diesem Punkt wird ein Standbarometer beobachtet.

Für Erkundungszwecke genügt hierfür ein Barograph, der die täglichen und stündlichen Barometerschwankungen selbsttätig registriert. Da dieser Barograph die Barometerstände gewöhnlich für den Zeitraum von acht Tagen ermöglicht, da dann das Uhrwerk und der Registrierstreifen abgelaufen, so ist es nötig, das Uhrwerk allwöchentlich aufzuziehen und mit einem neuen Registrierstreifen zu versehen, wenn die Erkundung sich über diesen Zeitraum hinaus erstreckt. Es setzt dies aber voraus, daß am Ausgangspunkt ein Beobachter sich befindet, der diese Auswechslung vornimmt. Dies wird sich oft nicht erreichen lassen, und da auch die Genauigkeit der Höhenermittlungen davon abhängt, daß die Luftdruckänderung am Ausgangspunkt und dem Gebiet, in welchem die Messungen vorgenommen werden, eine möglichst gleichmäßige ist, was nur für begrenzte Gebiete zutrifft und dies auch nur dann, wenn keine erheblichen Witterungsstörungen durch Gewitter, Sturm usw. während der Zeit der Beobachtung eintreten, so empfiehlt es sich, die Dauer der Beobachtungen und die Gebiete über welche sie sich erstrecken, einzuschränken.

Es wird dies dadurch erreicht, daß man das Standbarometer öfters wechselt und auf neuen Punkten aufstellt, für welche man die Höhen vorher ermittelt hat, solange noch das Standbarometer auf dem Ausgangspunkt sich befand und nachdem, sowohl auf dem Ausgangspunkt als auch auf dem neuen Standpunkt, Siedethermometer = Beobachtungen vorgenommen wurden.

Bei jeder Höhenmessung mit dem Aneroidbarometer sind folgende Notierungen vorzunehmen:

1. Datum und Zeit in der die Beobachtung erfolgte;

2. Angabe des Barometerstandes am Aneroid und für Höhenfixpunkte am Siedethermometer;

3. Messung der Lufttemperatur mittelst Schleuderthermometer. An Hand dieser Beobachtungen werden dann die notwendigen Berechnungen vorgenommen und finden dabei die barometrischen Höhentafeln von Jordan Anwendung, welche für jeden mm Barometerstand und Temperaturschwankungen von $0—30°$ die zugehörigen Meereshöhen enthalten.

2. Berechnungsvorgang. Für die barometrische Höhenmessungen wird zweckmäßig eine Tabelle nach beifolgendem Muster gefertigt und die Aufschreibungen und Berechnungen, wie in dem darin aufgeführten Beispiel ersichtlich, vorgenommen.

Es bedeutet t_0 die mit dem Schleuderthermometer gemessene Lufttemperatur. B den Barometerstand, den das Aneroid oder auch bei Siedepunktbeobachtungen das Siedethermometer zur Zeit der Beobachtung angibt. Diese Angabe erhält man, indem man das Aneroid horizontal vor sich hält und dabei leicht mit dem Finger auf den Deckel klopft, um die Passivität des Zeigers zu überwinden. Die Aneroide müssen stets so getragen werden, daß sie keinen Stößen und auch nicht der direkten Sonnenbestrahlung ausgesetzt sind. Da die Instrumente gewöhnlich in einem Lederfutteral stecken, das mit einem Riemen zum Umhängen versehen ist, so läßt es sich immer einrichten, daß das Instrument auf der im Körperschatten befindlichen Seite getragen wird.

Der Unterschied, den zwei aufeinander folgende Barometerablesungen bilden, wird mit b bezeichnet.

h ist die sog. barometrische Höhenstufe, d. h. der Unterschied in der Höhenangabe für 1 mm Barometerstand bei der beobachteten Temperatur. Diese beiden Angaben sind aus den Jordanschen Höhentafeln zu entnehmen.

$b \times h$ ist der relative Höhenunterschied zwischen zwei aufeinander folgenden Höhenpunkten. e bedeutet die Verbesserung, die an den einzelnen Barometerbeobachtungen anzubringen ist und

die sich aus den Siedethermometer-Beobachtungen am Anfangspunkt und am Endpunkt einer Reihe von Aneroidmessungen ergibt.

Diese Verbesserung wird erhalten, indem man den Wert der
Abweichung des berechneten Endpunktes von der durch das
Siedethermometer ermittelten Höhe für diesen Punkt mit dem
Ausdruck $\dfrac{z}{z_n}$ multipliziert, dabei ist z die Zeitdifferenz zwischen
den einzelnen Beobachtungen $z - z_1$, $z - z_2$ usw., $z - z_n$ die
Differenz zwischen erster und letzter Beobachtung.

Die somit in Spalte 11 der Tabelle erhaltenen Barometerhöhen
H_0 werden dann noch mit Verbesserungen versehen, die sich aus

S c h e m a   f ü r   B a r o -

1	2		3	4	5	6
Ort	Zeit		Temperatur	Siedether-mometer	Aneroid Barometer	b
	Datum	Stunde	t_0	B^s mm	B^a mm	mm
Strand	4./7.	6^{30}	16,0	763,50	764,6	—
Punkt 1		7^{00}	17		761,3	+3,30
Weg		7^{30}	18		760,2	+1,10
Haus		7^{45}	18,5		759,5	+0,70
Punkt A		8^{20}	19		757,3	+2,20
Punkt B		8^{50}	19,5		756,1	+1,20
Bach		9^{20}	20		758,4	+2,30
Punkt C		10^{00}	21		755,9	+2,50
Lager		10^{10}	22	752,70	753,7	+2,20
	$z = 4^{\mathrm{h}}\,10'$ $= 250'$			+10,80	+10,90	+13,20 — 2,30
						+10,90
Lager	5./7.	6^{10}	15	755,8	756,3	—
Wegkr.		6^{10}	16		755,1	+1,2
Baum		7^{40}	17,5		752,3	+2,8
Sattel		8^{10}	18,5		749,2	+3,1

usw.

Bemerkung: Meeresspiegel Jordan 775 mm; beobachtet 764,5 mm, entspricht 115,8 m Höhe der Jordanschen Tafeln:

Siedethermometer . . . . .   763,5 = 126,9

752,7 = 253,0
____

Höhenunterschied . . . . .   = 136,1 m

hierzu Stand   0,5

Korrektur, Standbarometer .   5,3
____

Höhe, Lager nach Siedeth. .   = 141,9 m

den Änderungen des Luftdrucks während der Zeit der Beobachtung
ergeben, d. h. also mit den Angaben des Standbarometers in den
einzelnen Beobachtungszeiten verglichen und die Differenzen bei
steigendem Luftdruck zu den gefundenen Höhen addiert, bei
fallendem Luftdruck in Abzug gebracht.

In dem angeführten Beispiel hat der Luftdruck in der Zeit von
6^{30} früh bis zur Beendigung der Beobachtung 10^{40} am Ort des
Standbarometers um 0,8 mm zugenommen. Dies entspricht nach
den Jordanschen Tafeln einem Höhenunterschied von 5,3 m der zu
der ermittelten Höhe des Endpunktes 137,70 m hinzuzufügen ist, wodurch die Höhe 143,0 m als endgültig berichtigte Höhe erhalten wird.

m e t e r m e s s u n g.

7	8	9	10	11	12	13
h	$b \times h$	Be rechnete Höhe H_0	Verbesse-rung e	Verbesserte Höhe H_0	Stand Barometer	Endgültige Höhe H
m	m	m	m	m	B^{st} mm	m
—	—	0,50	—	0,60	763,5	0,80
11,19	$+36,93$	37,43	$+\ 1,64$	39,07	763,6	39,70
11,23	$+12,35$	49,78	$+\ 3,30$	53,08	763,7	54,34
11,26	$+\ 7,88$	57,66	$+\ 4,11$	61,77	763,75	63,76
11,33	$+24,92$	82,58	$+\ 6,00$	88,58	763,9	90,90
11,36	$+13,63$	96,21	$+\ 8,26$	104,47	764,0	107,42
11,35	$-26,10$	70,11	$+\ 9,87$	79,98	764,1	83,58
11,64	$+28,60$	98,71	$+11,53$	110,24	764,25	114,45
11,49	$+25,28$	123,99	$+13,71$	137,70	764,3	143,00
	$+149,59$ $-\ 26,10$	$+123,49$		$+137,20$	$+0,8$	$+142,50$
	$+123,49$					
—	—	143,0	—	—	755,8	141,90
11,24	$+13,49$	156,49	—	—	—	—
11,33	$+31,72$	188,21	—	—	—	—
11,41	$+35,37$	223,58	—	—	—	—

3. Standbeobachtung und barometrische Anschlußmessung. Es
ist angezeigt, daß das registrierende Standbarometer am Ausgangspunkt auf genau den Barometerstand eingestellt wird, den das Siedethermometer bei der Abkochung anzeigt, was durch Anziehen oder
Nachlassen der Registrierschraube am Hebel des Barographen bewirkt werden kann. Wird die Messung am gleichen Tage oder am
nächsten Tage fortgesetzt, so sind alle Messungen im Lager vor

Aufbruch ebenso wie am Ausgangspunkt vorzunehmen. Man erhält also für den Lagerplatz zwei Barometerablesungen, die erste bei Ankunft dient als Abschluß der Tagesmessungen, die zweite beim Aufbruch als Beginn der neuen Messung, wobei die am Endpunkt der ersten Messung erhaltene Höhe als Fixpunkt für die neue Messung zu gelten hat, auf die sich die sämtlichen im Laufe des Tages vorzunehmenden Messungen beziehen.

Auf diese Weise werden die Messungen weiter geführt, bis der Endpunkt der Erkundung erreicht ist. Zur Kontrolle der Messungen ist es dann, wenn möglich, anzustreben, daß auf dem Rückweg der Erkundung einzelne der Lagerstellen an die barometrische Höhenmessung wieder angeschlossen werden, also eine sog. barometrische Schleifenbildung ausgeführt wird, um festzustellen, welche Differenzen bei den einzelnen Barometerknotenpunkten, d. h. also in den Lagern auf dem Vor- und Rückmarsch sich ergeben, welche Differenzen eventuell auf die einzelnen Punkte verteilt werden müssen.

Da auf Reisen leicht durch Erschütterungen oder Stöße der Gang der Aneroide Schwankungen ausgesetzt ist, wird man immer mehrere Instrumente mit sich führen und dieselben besonders beim Anfang und am Ende einer Tagesmessung miteinander vergleichen um daraus die Abweichungen ermitteln zu können. Zwei Aneroide werden fast nie den gleichen Stand haben, die Differenz in den Angaben muß aber bei richtigem Gang der Instrumente eine Konstante sein. Kleinere Berichtigungen lassen sich dadurch beheben, daß man die Schraube am Boden des Gehäuses die durch eine kleine Öffnung zugänglich ist, leicht anzieht oder lockert und hierdurch die Federspannung reguliert.

4. Tageskurve. Zu beachten ist noch, daß die Barometerschwankungen im Laufe eines Tages nach einer bestimmten Kurve verlaufen, der sog. Tageskurve die um so größere Schwankungen aufweist, je weiter man in südliche Gegenden kommt. In den Tropen sind die Abweichungen für die verschiedenen Tagesstunden am größten.

Der richtige Barometerstand wird etwa um 6 Uhr früh und um Mitternacht erreicht. Morgens 10 Uhr und abends 10 Uhr zeigt das Barometer unter normalen Verhältnissen den höchsten Barometerstand, gibt dann also zu geringe Höhen an, früh 4 Uhr und nachmittags 4 Uhr wird der tiefste Stand oder zu große Höhen gemessen.

V. Topographische Aufnahmen.

Für Erkundungen von Verkehrswegen kommen topographische Aufnahmen meist nur als Routenaufnahmen überall da in Frage, wo geeignete Karten des zu bereisenden Gebiets fehlen oder nicht in einem solchen Maßstab vorhanden sind, daß darnach der zu projektierende Verkehrsweg unmittelbar an Hand der Karten festgelegt werden kann.

1. **Die Routenaufnahmen oder Itinerare** haben den Zweck die Aufnahme des Reiseweges nach Länge und Richtung vorzunehmen. Hierfür gibt es verschiedene Methoden.

Die genaueste ist diejenige der Triangulation, die aber für Erkundungen nicht in Frage kommt. Lediglich für geographische Ortsbestimmungen werden mit Hilfe des Theodoliten genaue Winkelmessungen vorgenommen und in Verbindung mit der Route gebracht (siehe Azimutmessung). Dasselbe gilt auch bei der Ermittlung der magnetischen Mißweisung am Anfang und Endpunkt des Erkundungsweges, oder bei längeren Erkundungen, die wie in den Kolonien über größere Gebiete sich erstrecken, hier dann auch an wichtigen Zwischenpunkten an denen eine allgemeine Richtungsänderung eintritt.

Wenn der Ausgangspunkt der Messung ein Punkt ist, der nach seiner geographischen Lage und seiner Höhe nach bekannt ist, so bilden die Koordinaten dieses Punktes dann das Achssystem der Aufnahme.

Sind diese Koordinaten nicht bekannt, so lassen sie sich mit Hilfe geographischer Ortsbestimmungen ermitteln. Zweckdienlich ist es, wenn im Verlauf der Aufnahme die Route an einen weiteren Punkt, dessen geographische Koordinaten ebenfalls bekannt sind, angeschlossen werden kann, da dadurch eine Kontrolle der Richtigkeit der Messung erreicht wird. Ist ein solcher Punkt nicht vorhanden, so ist am Endpunkt der Aufnahme wieder eine geographische Ortsbestimmung vorzunehmen, oder wenn solche Aufnahmen nicht gemacht werden, die Aufnahme auf dem Rückweg fortzusetzen und wieder auf den Anfangspunkt anzuschließen.

a) **Winkelmessung.** Bei der Winkelmessung von Routenaufnahmen wird in der Weise verfahren, daß nachdem der Ausgangspunkt *A* der Messung im Routenbuch durch Skizze festgesetzt ist, die Bussole über diesem Punkt aufgestellt wird. Alsdann wird das Diopter in die Richtung des aufzunehmenden Weges gebracht und auf der Gradteilung der Bussole die Zahl abgelesen, auf welche das Nordende der Magnetnadel sich einstellt. Dieses Nordende der Magnetnadel ist gewöhnlich durch blaue Oxidierung gekennzeichnet

Die Ablesung wird nun im Routenbuch eingetragen. Hierauf werden noch weitere bemerkenswerte Punkte von dem Standpunkt aus angepeilt und diese Peilrichtungen an Hand einer Skizze im Routenbuch ebenfalls dargestellt und die jeweilige Kompaßablesung dabei angegeben. Wenn es sich um Bergkuppen handelt, so wird außerdem mit Hilfe des Gefällmessers der Höhenwinkel gemessen, den die Visierlinie zwischen Kuppe und Standpunkt mit der Horizontalen bildet und dieser Winkel im Routenbuch an der Peilrichtung vermerkt.

Sind alle diese Messungen beendet, so wird auf den folgenden Aufstellungspunkt *B* übergegangen und die Messung der Entfernung der beiden Punkte vorgenommen.

b) **Die Längenmessung.** Diese kann ebenfalls in verschiedener Weise ausgeführt werden. Meistens geschieht sie entweder durch Schrittmaße oder durch Zeitmaß. In offenem übersichtlichen Gelände können die Entfernungen auch mittelst eines Drahtes von fester Länge schnell gemessen werden.

1. *Schrittmaße* eignen sich in allen Fällen. Es werden gewöhnlich Doppelschritte gezählt und zwar beginnt man dabei stets mit dem einen Fuß und zählt, wenn man den zweiten Fuß aufsetzt.

Das Schrittmaß wird von verschiedenen Faktoren beeinflußt. Um sich über die Länge des Schrittes des Messenden zu vergewissern, wird man zweckdienlich auf einer ebenen Strecke von bekannter Länge in gewöhnlicher Gangart die Schritte zählen und darnach die individuelle Schrittlänge feststellen. Im allgemeinen besitzt ein normal gewachsener Mensch von 1,75 m Größe eine Schrittlänge von 81 cm. Auf je 5 cm Größenunterschied der Person kommt 1 cm Verlängerung oder Verkürzung des Schrittmaßes.

Faktoren, welche das Schrittmaß beeinflussen, sind die Bodenbeschaffenheit, also ob weicher oder fester, nasser oder trockener Boden, ferner die Zeitdauer über die sich das Zählen der Schritte erstreckt, ob zu Anfang oder Ende einer Tagestour, alsdann die Witterungsverhältnisse, ob Wind oder große Hitze, sowie insbesondere die Gefälls- und Steigerungsverhältnisse des Geländes. Für letztere ergeben sich folgende Werte für 100 Schritte und einer mittleren barometrischen Höhenstufe von 11,5 m.

Neigung in Grad	Barometer Differenz	Schrittzahl		Horizontale Schrittlänge	
		Steigung	Gefälle	Steigung	Gefälle
0	0	100	100	81	81
5	0,70	91,3	95,7	74	77
10	1,48	82,7	91,3	67	74
15	2,06	74,2	87,0	60	70
20	2,73	65,8	82,7	55	67
25	3,38	57,8	78,4	47	63
30	4,00	50,0	74,2	41	60

Hiernach läßt sich also für jedes Schrittmaß ein Maßstab für die einzelnen Steigungen und Gefälle herstellen, der beim Auftragen der Route zu verwenden ist.

Außer den Faktoren, welche das Schrittmaß selbst beeinflussen, ist auch bei der Auftragung der Aufnahmen auf die Wegkrümmungen zu achten und ist hierfür ein gewisser Prozentsatz in Abzug zu bringen, der sich nach der Begehung etwa schätzen läßt.

2. *Zeitmaße.* An Stelle der Schrittmaße können auch Zeitmaße treten. Dieselben setzen jedoch eine von Fall zu Fall richtig festzustellende Geschwindigkeit der Marschzeit voraus. Außerdem wird auf ebenen Wegen die Geschwindigkeit eine größere als bei Steigungen und bei Gefälle wiederum größer als auf ebenen Wegen sein.

Ein Anhalt für die Geschwindigkeit läßt sich aus der Anzahl der Schritte die in einer bestimmten Zeit zurückgelegt werden, gewinnen. Sie entsprechen erfahrungsgemäß bei einer Normalschrittlänge von 81 cm

= 42 Schritt in der Min. einer Geschwindigkeit von 2 km/Stde.
= 65 ,, ,, ,, ,, ,, ,, ,, ,, 3 km/Stde.
= 87 ,, ,, ,, ,, ,, ,, ,, ,, 4 km/Stde.

Um eine Kontrolle über das Schrittmaß oder das Zeitmaß zu haben bedient man sich entfernungsmessender Instrumente, welche automatisch die zu messenden Entfernungen unmittelbar angeben. Solche Instrumente sind das Telemeter und der Stereoautograph.

2. Aufnahmearten, Notierungen und Skizzen. Es mag nun noch etwas über die Vornahme der Peilungen und die Art ihrer Notierung erwähnt werden.

In übersichtlichem, offenem Gelände kann man die Peilungen unmittelbar auf die Ziele die man sehen kann, richten. Im hohen Gras oder im Gebüsch und Wäldern, wie dies in den Tropen und unerschlossenen Gebieten meist immer der Fall ist, läßt sich dies aber nur dann erreichen, wenn die Richtung, die angepeilt werden soll, freigeschlagen wird. Ein solches Freischlagen ist zumindest mit großem Zeitverlust und Kosten verknüpft, daher nur bei Vornahme genauer Messungen am Platze. Bei Erkundungen bedient man sich statt dessen akustischer Signale, meist Trommeln oder Pfeifensignalen. Fast immer stellt der Reiseweg einen mehr oder weniger gewundenen schmäleren Pfad oder unbefestigten Weg dar. Man läßt nun auf diesem einen Mann vorausgehen, der auf dem neuen Standpunkt sich aufstellt und dort die akustischen Signale gibt.

Die Entfernung der einzelnen Standpunkte richtet sich nach den Geländeverhältnissen. Auf diesen neuen Standpunkt wird dann das Diopter des Kompasses eingestellt, was in der Weise geschieht, daß man durch einen eingeborenen Begleiter, die meist für solche Richtungsangaben in unübersichtlichem Gelände ein von Natur aus geübtes Gefühl besitzen, die Richtung, aus welcher der Schall kommt, mit einem Stab einweisen läßt. Hierauf wird das Diopter in diese Richtung eingestellt und der Winkel am Kompaß abgelesen. Auf diese Art werden auch in unübersichtlichem Gelände meist gute Peilergebnisse erzielt.

An Stelle der Kompaßpeilungen mit Stock und fester Bussolenaufstellung werden die Messungen auch öfters aus der Hand oder vom Reittier aus ohne Dioptervisuren vorgenommen. In diesem Falle wird das Instrument horizontal vor dem Körper gehalten, die 0—180° Teilung in die Peilrichtung gebracht und am Nordende der Magnetnadel abgelesen.

Bei einiger Übung werden dabei die Winkel auf etwa 5° genau gepeilt. Diese Genauigkeit ist für flüchtige Aufnahmen vollkommen ausreichend, da der mittlere Richtungsfehler einer Route zwischen Anfangs- und Endpunkt mit der Quadratwurzel aus der Anzahl der Peilungen abnimmt. Es geht hieraus hervor, daß fortgesetztes Peilen die Genauigkeit der Aufnahmen in bezug auf die Richtungsverhältnisse nur erhöht.

Was nun die Notierungen betrifft, so ist Wert darauf zu legen, daß dies zur Vermeidung von Irrtümern nach bestimmten Regeln erfolgt. Im Routenbuch werden auf der einen Seite die Notierungen auf der anderen Seite die dazu gehörigen Skizzen gefertigt.

Für die Notierungen empfiehlt sich folgendes Schema:

Station	Zeit	Bussole Grad	Entfernung Schr.	Aneroid mm	Temperatur Grad	Bemerkungen
A	7^{20}	293	—	754,3	16	Steinbruch
1	7^{30}	349	212	753,8	16	400 m. l.
2	7^{38}	279	181	754,5	16,5	Bach 1 m tief
3	7^{51}	345	286	755,2	17,0	

usw.

In der Skizze werden die Peilungen jeweils oberhalb der Peilrichtung eingetragen, die Entfernungen zwischen den einzelnen Punkten unterhalb der Peilrichtungen angegeben, also entweder Schrittzahl, Marschzeit oder gemessene Länge vermerkt. Hierbei ist es nicht erforderlich, die Winkel und Längenmaße maßstäblich aufzutragen, sondern man hat nur darauf zu achten, daß die Knicke in den Wegrichtungen bei der Skizzierung auch der Wirklichkeit entsprechen.

Mit größerer Übung darin nimmt auch die Genauigkeit zu. Erleichtert wird dieselbe, wenn die Skizzen auf Millimeterpapier aufgetragen werden. Bei Bachläufen und Flüssen wird die Laufrichtung durch einen Pfeil gekennzeichnet, die Breite in Metern angegeben. Steigungen oder Gefälle des Weges werden aus den barometrischen Höhenangaben ermittelt, das seitliche Gefälle des Geländes durch einen Pfeil senkrecht zur Peilrichtung angegeben und mittelst Gefällsmessers bestimmt. Die Geländeformation wird nach Abb. 14 skizziert und über die Bebauung und Vegetation entsprechende Angaben gemacht.

Im Lager wird nach Beendigung der Tagesaufnahmen die Aufzeichnung nochmals überprüft und dabei die Gewässer mit Blaustift, die Geländeformation mit Braunstift nachgezogen und aus dem Gedächtnis nötigenfalls ergänzt. Im Routenbuch sind dann noch Angaben über geologische Formationen, Gesteinsarten usw. einzutragen.

Eine gute Geländeaufnahme erfordert richtiges Sehen und Genauigkeit in der zeichnerischen Darstellung, sowie die Fähigkeit, Wesentliches vom Unwesentlichen unterscheiden zu können, Eigenschaften, die nicht nur durch Übung allein sich aneignen lassen, sondern auch eine natürliche Begabung dafür voraussetzen.

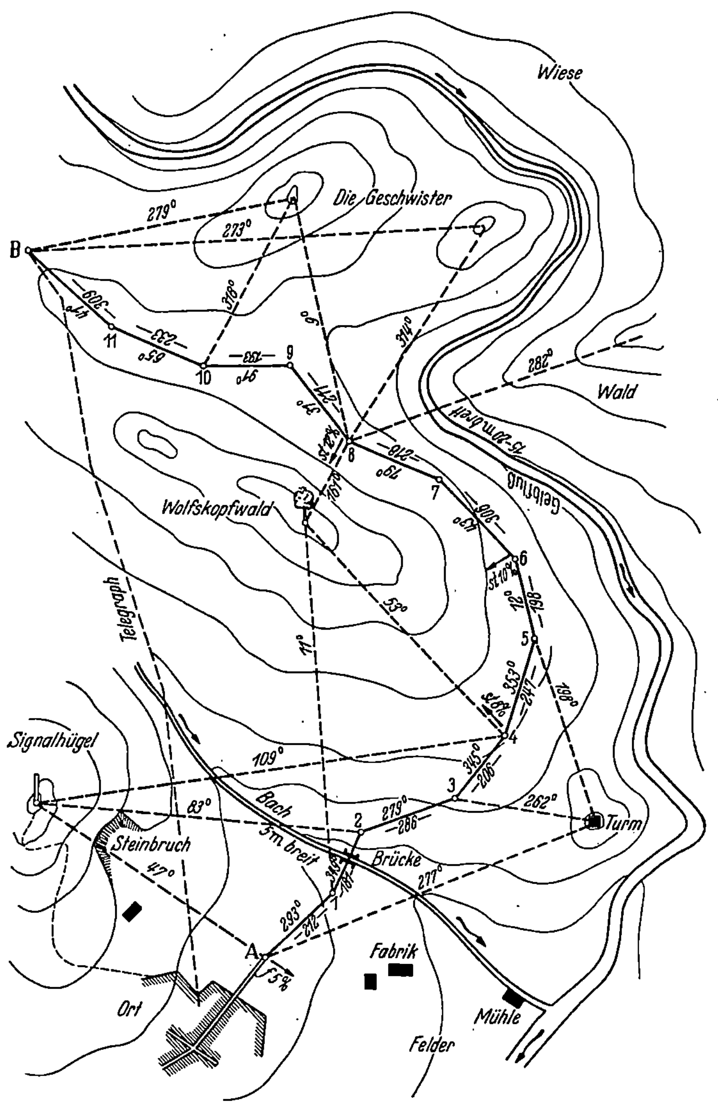

Abb. 14. Skizze einer Routenaufnahme.

3. Auftragen der Aufnahmen. Dasselbe geschieht entweder, indem man einen Polygonzug zeichnet, in welchem die einzelnen Kompaßpeilungen a die Winkel des Polygonzuges und die dazugehörigen Wegstrecken s die Seiten des Polygonzuges bilden. Die Verbindung des Anfangspunktes mit dem Endpunkt liefert dann die Länge S mit dem Azimut α_s.

Genauer wird die Auftragung jedoch, wenn man nicht unmittelbar die Winkel und Seiten des Polygonzuges aufträgt, sondern die Koordinaten der durch sie bestimmten Brechpunkte dieses Polygonzuges.

Man legt zu diesem Zweck durch den Anfangspunkt der Aufnahme ein rechtwinkliges Koordinatensystem. Die Y-Achse dieses Koordinatensystems entspricht der 0—180° Linie des Kompasses, die dazu senkrechte X-Achse der 90—270° Linie. Es entsprechen dann die Ausdrücke $s \cdot \sin\alpha$ den Abszissenwerten und $s \cdot \cos\alpha$ den Ordinatenwerten der einzelnen Punkte. Diese Werte liefert für die einzelnen α von 5 zu 5° die anliegende Tabelle. Dazwischen liegende Werte erhält man durch Interpolation wie an dem beigefügten Beispiel gezeigt ist.

Wird mit $\sum s \sin\alpha$ die Summe aller Abszissenwerte und mit $\sum s \cos\alpha$ die Summe aller Ordinatenwerte der Polygonseiten des Routenzuges bezeichnet, so erhält man das Azimut α_s aus

$$\operatorname{tg}\alpha_s = \frac{\sum_s \cdot \sin\alpha}{\sum_s \cdot \cos\alpha}$$ und die Entfernung zwischen den beiden Punkten

A und B aus $S = \dfrac{\sum_s \cdot \sin\alpha}{\sin\alpha_s}$. Mit Hilfe dieser Werte und der Mißweisung der Magnetnadel, lassen sich dann auch der Breiten- und Längenunterschied zwischen Anfangs- und Endpunkt errechnen.

Entnimmt man aus den astronomischen Tafeln für die ungefähre Breite und Länge des Ausgangspunktes die Angaben für eine Breitenminute b und für eine Längenminute l, so ist $\alpha_s + \beta$ das astronomische Azimut der Strecke S und

$$\frac{S \cos(\alpha_s + \beta)}{b} = \Delta\varphi \text{ der Breitenunterschied,}$$

$$\frac{S \sin(\alpha_s + \beta)}{l} = \Delta\lambda \text{ der Längenunterschied}$$

zwischen Anfangs- und Endpunkt.

Aus diesen Werten erhält man die Kontrolle der geographischen Ortsbestimmungen. Beide Werte werden nicht miteinander über-

Tabelle der Werte

s	0° 360°	180° 180°	5° 355°	185° 175°	10° 350°	190° 170°	15° 345°	195° 165°	20° 340°	200° 160°
	$s\sin\alpha$	$s\cos\alpha$	$s\sin\alpha$	$s\cos\alpha$	$s\sin\alpha$	$s\cos\alpha$	$s\sin\alpha$	$s\cos\alpha$	$s\sin\alpha$	$s\cos\alpha$
1	0,0	1,0	0,1	1,0	0,2	1,0	0,3	1,0	0,3	0,9
2	0,0	2,0	0,2	2,0	0,3	2,0	0,5	1,9	0,7	1,9
3	0,0	3,0	0,3	3,0	0,5	3,0	0,8	2,9	1,0	2,8
4	0,0	4,0	0,3	4,0	0,7	3,9	1,0	3,9	1,4	3,8
5	0,0	5,0	0,4	5,0	0,9	4,9	1,3	4,8	1,7	4,7
6	0,0	6,0	0,5	6,0	1,0	5,9	1,6	5,8	2,1	5,6
7	0,0	7,0	0,6	7,0	1,2	6,9	1,8	6,8	2,4	6,6
8	0,0	8,0	0,7	8,0	1,4	7,9	2,1	7,7	2,7	7,5
9	0,0	9,0	0,8	9,0	1,6	8,9	2,3	8,7	3,1	8,5
10	0,0	10,0	0,9	10,0	1,7	9,8	2,6	9,7	3,4	9,4
11	0,0	11,0	1,0	11,0	1,9	10,8	2,8	10,6	3,8	10,4
12	0,0	12,0	1,0	12,0	2,1	11,8	3,1	11,6	4,1	11,3
13	0,0	13,0	1,1	13,0	2,3	12,8	3,4	12,6	4,4	12,2
14	0,0	14,0	1,2	13,9	2,4	13,8	3,6	13,5	4,8	13,2
15	0,0	15,0	1,3	14,9	2,6	14,8	3,9	14,5	5,1	14,1
16	0,0	16,0	1,4	15,9	2,8	15,8	4,1	15,5	5,5	15,0
17	0,0	17,0	1,5	16,9	3,0	16,7	4,4	16,4	5,8	16,0
18	0,0	18,0	1,6	17,9	3,1	17,7	4,7	17,6	6,2	17,0
19	0,0	19,0	1,7	18,9	3,3	18,7	4,9	18,4	6,5	17,9
20	0,0	20,0	1,7	19,9	3,5	19,7	5,2	19,3	6,8	18,8
21	0,0	21,0	1,8	20,9	3,6	20,7	5,4	20,3	7,2	19,7
22	0,0	22,0	1,9	21,9	3,8	21,7	5,7	21,3	7,5	20,7
23	0,0	23,0	2,0	22,9	4,0	22,7	6,0	22,2	7,9	21,6
24	0,0	24,0	2,1	23,9	4,2	23,6	6,2	23,2	8,2	22,6
25	0,0	25,0	2,2	24,9	4,3	24,6	6,5	24,1	8,6	23,5
26	0,0	26,0	2,3	25,9	4,5	25,6	6,7	25,1	8,9	24,4
27	0,0	27,0	2,4	26,9	4,7	26,6	7,0	26,1	9,2	25,4
28	0,0	28,0	2,4	27,9	4,9	27,6	7,2	27,0	9,6	26,3
29	0,0	29,0	2,5	28,9	5,0	28,6	7,5	28,0	9,9	27,3
30	0,0	30,0	2,6	29,9	5,2	29,5	7,8	29,0	10,3	28,2
	$s\cos\alpha$	$s\sin\alpha$	$s\cos\alpha$	$s\sin\alpha$	$s\cos\alpha$	$s\sin\alpha$	$s\cos\alpha$	$s\sin\alpha$	$s\cos\alpha$	$s\sin\alpha$
s	90° 270°	270° 90°	95° 265°	275° 85°	100° 260°	280° 80°	105° 255°	285° 75°	110° 250°	290° 70°

einstimmen, je näher sie aber zueinander sind, desto größer ist die
Genauigkeit der Aufnahme. Der Unterschied, der in der Hauptsache
auf die Ungenauigkeit der Längenmaße zurückzuführen ist, ergibt
dann einen Anhalt für die Berichtigung dieser Längen, was bei der

$s \sin \alpha$ und $s \cos \alpha$.

25° 335°	205° 155°	30° 330°	210° 150°	35° 325°	215° 145°	40° 320°	220° 140°	45° 315°	225° 135°	
$s \sin\alpha$	$s \cos \alpha$	$s \sin\alpha$	$s \cos \alpha$	$s \sin\alpha$	$s \cos \alpha$	$s \sin\alpha$	$s \cos \alpha$	$s \sin\alpha$	$s \cos \alpha$	
0,4	0,9	0,5	0,9	0,6	0,8	0,6	0,8	0,7	0,7	1
0,8	1,8	1,0	1,7	1,1	1,6	1,3	1,5	1,4	1,4	2
1,3	2,7	1,5	2,6	1,7	2,5	1,9	2,3	2,1	2,1	3
1,7	3,6	2,0	3,5	2,3	3,3	2,6	3,1	2,8	2,8	4
2,1	4,5	2,5	4,3	2,9	4,1	3,2	3,8	3,5	3,5	5
2,5	5,4	3,0	5,2	3,4	4,9	3,9	4,6	4,2	4,2	6
3,0	6,3	3,5	6,1	4,0	5,7	4,5	5,4	4,9	4,9	7
3,4	7,3	4,0	6,9	4,6	6,6	5,1	6,1	5,7	5,7	8
3,8	8,2	4,5	7,8	5,2	7,4	5,8	6,9	6,4	6,4	9
4,2	9,1	5,0	8,7	5,7	8,2	6,4	7,7	7,1	7,1	10
4,6	10,0	5,5	9,5	6,3	9,0	7,1	8,4	7,8	7,8	11
5,1	10,9	6,0	10,4	6,9	9,8	7,7	9,2	8,5	8,5	12
5,5	11,8	6,5	11,3	7,5	10,6	8,4	10,0	9,2	9,2	13
5,9	12,7	7,0	12,1	8,0	11,5	9,0	10,7	9,9	9,9	14
6,3	13,6	7,5	13,0	8,6	12,3	9,6	11,5	10,6	10,6	15
6,8	14,5	8,0	13,9	9,2	13,1	10,3	12,3	11,3	11,3	16
7,2	15,4	8,5	14,7	9,8	13,9	10,9	13,0	12,0	12,0	17
7,6	16,3	9,0	15,6	10,3	14,7	11,6	13,8	12,7	12,7	18
8,0	17,2	9,5	16,5	10,9	15,6	12,2	14,6	13,4	13,4	19
8,5	18,1	10,0	17,3	11,5	16,4	12,9	15,3	14,1	14,1	20
8,9	19,0	10,5	18,2	12,0	17,2	13,5	16,1	14,8	14,8	21
9,3	19,9	11,0	19,1	12,6	18,0	14,1	16,9	15,6	15,6	22
9,7	20,8	11,5	19,9	13,2	18,8	14,8	17,6	16,3	16,3	23
10,1	21,8	12,0	20,8	13,8	19,7	15,4	18,4	17,0	17,0	24
10,6	22,7	12,5	21,7	14,3	20,5	16,1	19,2	17,7	17,7	25
11,0	23,6	13,0	22,5	14,9	21,3	16,7	19,9	18,4	18,4	26
11,4	24,5	13,5	23,4	15,5	22,1	17,4	20,7	19,1	19,1	27
11,8	25,4	14,0	24,2	16,1	22,9	18,0	21,4	19,8	19,8	28
12,3	26,2	14,5	25,1	16,6	23,8	18,6	22,2	20,5	20,5	29
12,7	27,2	15,0	26,0	17,2	24,6	19,3	23,0	21,2	21,2	30
$s \cos \alpha$	$s \sin\alpha$	$s \cos\alpha$	$s \sin\alpha$	$s \cos \alpha$	$s \sin\alpha$	$s \cos \alpha$	$s \sin\alpha$	$s \cos\alpha$	$s \sin \alpha$	
115° 245°	295° 65°	120° 240°	300° 60°	125° 235°	305° 55°	130° 230°	310° 50°	135° 225°	315° 45°	

Längenbestimmung des zu trassierenden Verkehrsweges in Berücksichtigung zu ziehen ist.

Ist der Polygonzug und die sonstigen Peilungen zeichnerisch festgelegt, so wird an Hand des Routenbuches die Geländedarstel-

Beispiel zur vorstehenden Tabelle:

$s = 286$ $\qquad\qquad\qquad$ $\alpha = 143°$

Differenz von $\alpha = 140°$ und $145°$ nach Tabelle

$s = 280$	s sind $\alpha = 172$	$s \cos \alpha = 220$
$s = 290$	$= 178$	$= 229$
für 286	$= {-}175$	$= {-}225$

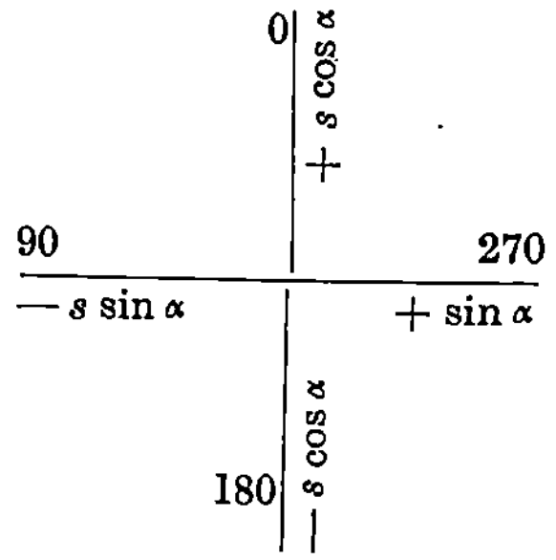

lung vorgenommen. Es werden hierbei die barometrischen Höhen
der einzelnen Brechpunkte der Polygonseiten eingetragen. Ferner
werden aus den Entfernungen der angepeilten Bergkuppen die aus
der Zeichnung entnommen werden, und den durch Gefällsmesser
ermittelten Höhenwinkeln die Höhen der angepeilten Berge bestimmt. An Hand aller so ermittelten Höhen kann dann das Gelände mit Höhenschichten versehen und dargestellt werden. We-
sentliche Dienste zur annähernd richtigen Geländedarstellung
liefern Photographien, die bei den Routenaufnahmen mit gemacht
werden und deren Aufnahmen im Routenbuch durch Angabe des
Polygonpunktes von dem aus die Aufnahme erfolgte, eingetragen
werden.

Wie schon einleitend am Schluß des Abschnittes Begriff und
Zweck der Erkundung erwähnt, werden heute die vorbeschriebenen
Aufnahmeverfahren in ihrer Vollständigkeit nur überall da am
Platze sein, wo die Voraussetzungen für Luftbildaufnahmen nicht
gegeben sind.

Es wird dieser Fall stets dann eintreten, wenn es sich darum
handelt, erst allgemein einen Anhalt über die Führung des in Frage
kommenden Verkehrsweges zu erhalten, also wo nicht von vornherein die Richtung und Breite des Geländestreifens welchem der
Verkehrsweg zu folgen hat, festgelegt werden kann, was Voraussetzung für Luftbildaufnahmen ist.

Aber selbst wenn Luftbildaufnahmen an Stelle der terrestrischen Routenaufnahmen treten können, wird es sich nicht vermeiden lassen, im Gelände vorher eine Erkundung vorzunehmen um die Zwangspunkte der Linienführung festzulegen und sie für die Flugaufnahmen kenntlich zu machen.

Diese Kenntlichmachung kann auf verschiedene Weise erfolgen und wird in ihrem Umfang davon abhängen, wie die topographischen und Bewachungsverhältnisse der betreffenden Gegend sind, also offenes oder Waldgebiet, Flachland oder Gebirge in Frage kommt. Hiervon wird auch die Flughöhe abhängen, in welcher der Flug auszuführen ist.

Es ist angezeigt, stets mindestens 60% Überdeckung der einzelnen Flugbilder zu haben, die wenigstens zwei der im Gelände markierten Punkte aufweisen sollten.

Als Maßstab der Auftragungen kommt für Erkundungen ein solcher von 1 : 5000 bis 1 : 10 000 in Frage, der sich nach den Geländeverhältnissen richtet, für welche die Aufnahme erfolgte. Bei gebirgigem und unübersichtlichem Gelände wendet man den größeren, bei offenem und einfachem Gelände den kleineren Maßstab an. Für die Herstellung einer allgemeinen Übersichtskarte ist ein Maßstab von 1 : 50 000—1 : 100 000 gebräuchlich. Die Aufnahmen gleich von vornherein in diesem kleineren Maßstab aufzutragen, ist schon wegen der damit verbundenen Ungenauigkeit nicht ratsam.

VI. Geologische Beobachtungen.

Neben den topographischen Aufnahmen sind Beobachtungen und Untersuchungen des Geländes in geologischer Hinsicht wünschenswert. Die allgemeinen Gesichtspunkte, auf welche sich diese Beobachtungen zu erstrecken haben, beziehen sich auf die Feststellung, welche geologischen Formationen bei der Bereisung der zu erkundenden Gegend angetroffen werden und welchen Einfluß diese Formationen etwa auf die Wahl und Lage des Verkehrsweges ausüben.

1. **Geologische Formationen.** Um einen Überblick über den geologischen Aufbau einer Gegend, die man bereist, zu erhalten, handelt es sich darum, zu untersuchen, aus welchen Gesteinsarten die Oberfläche des zu erkundenden Landstrichs sich zusammensetzt. Man geht bei dieser Untersuchung von der Entwicklung aus,

welche die Erdkruste seit ihrer Entstehung erfahren hat. Da diese
Erdkruste teils aus Erstarrung, teils durch vulkanische Tätigkeit,
teils durch die Einwirkung der Atmosphärilien gebildet worden ist,
so bezeichnet man die Gesteine, die aus diesen Prozessen hervorgegangen sind, entweder als *Urgesteine* hierher gehören Granit
und Gneiß, oder als *Eruptivgesteine.* Es sind dies Gesteine, welche
aus dem flüssigen Erdinnern hervorgegangen sind. Dieser Vorgang
vollzog sich in der Weise, daß diese Gesteine die Erstarrungskruste
der Urgesteine durchbrachen und sich zwischen und über dieser
Kruste ablagerten, wobei die mit Wasserdampf und Gasen durch-
setzten Massen kristallinisch erstarrten und die verschiedenen Gesteinsarten bildeten.

Als solche Eruptivgesteine gelten: Porphyre, Basalte, Tuff-
gesteine usw. Die dritte Gesteinsgruppe, die man als *sedimentäre
Gesteine* bezeichnet, ist teils durch Auswaschung und Verwitterung
der beiden ersten Gesteinsgruppen entstanden, teils auch durch
Einwirkung organischer Vorgänge. Diese Gesteinsarten zeichnen
sich dadurch aus, daß sie in Schichten auftreten. Als Sedimentgesteine sind Sandsteine, Kalksteine, Mergel, Konglomerate usw.
zu nennen.

Am verbreitetsten sind die Sedimentgesteine, sie liefern auch
für Bauzwecke die meisten Steine, wozu sie sich auch infolge ihrer
Schichtung und ihrer geringeren Härte am besten eignen.

Da die große Mannigfaltigkeit der Gesteinsarten und ihre Übergänge von einer Formation in die andere, nur von geübten Geologen
richtig erkannt und beurteilt werden kann, empfiehlt es sich, um
über den geologischen Aufbau einer Gegend richtigen Aufschluß
zu erhalten, sachgemäß Gesteinsproben zu sammeln und sie zu
Hause untersuchen zu lassen.

Das Sammeln geschieht nach bestimmten Regeln. Jedes Ge-
steinstück sollte vom anstehenden Fels entnommen werden. Lose
in Bachläufen oder Schluchten auftretende Gesteinsarten geben
meist keinen sicheren Aufschluß über die nähere geologische Beschaffenheit der unmittelbar bereisten Gegend.

Die Gesteinsmuster sollten nicht zu groß und nicht zu klein
sein. Als passende Handstücke sind solche von 8—10 cm Länge,
4—6 cm Breite und 2—3 cm Dicke zu wählen. Jedes Handstück
ist gut in weißes Papier einzuschlagen und mit einem Zettel zu
versehen, auf welchem der Fundort vermerkt ist, auch soll er eine

Nummer tragen, die auch im Routenbuch an der Fundstelle einzutragen ist.

2. Bestandteile und Struktur der wichtigsten Gesteine. Die Gesteine lassen sich in solche, die nur aus einer Mineralsubstanz bestehen — einfache kristallinische und massige Gesteine — und
solche, die aus mehreren Mineralspezies gebildet werden — ge-
mengte kristallinische und massige Gesteine — sowie in Trümmergesteine, die aus einem Gemenge von Teilen verschiedener Gesteinsarten bestehen, einteilen.

Aus den Bestandteilen allein, läßt sich ein Gestein nicht feststellen, hierzu ist noch die Struktur des Gesteins maßgebend. Man
versteht hierunter das innere Gefüge des Gesteins, also Form,
Größe, Lagerung und Verbindungsweise der einzelnen Bestandteile
des Gesteins.

Die nachfolgende Aufstellung enthält die wichtigsten Gesteinsarten, die beim Bau angetroffen werden und hierbei Verwendung
finden.

Übersicht der Gesteine.

Name	Bestandteile	Struktur	Vorkommen
I. Urgesteine			
a) Massige Urgesteine			
Granit	Quarz, Alkalifeldspat, Glimmer	körnig massig	Stöcke, Gänge, Lager
Syenit	Alkalifeldspat, Hornblende oder Glimmer	dsgl.	dsgl.
Diorit	Kalknatronfeldspat, Hornblende, Augit	dsgl.	dsgl.
Diabas	Kalknatronfeldspat, Augit, Olivin	dsgl.	dsgl.
b) Kristallinische Urschiefergesteine			
Gneis	Alkalifeldspat, Quarz, Glimmer	körnig schiefrig	zonenartige Lagerung
Glimmer-schiefer	Glimmer, Quarz	schiefrig	dsgl.
Urtonschiefer	Glimmer, Quarz mit Einlagerung von Feldspat	geschichtet	dicht

Name	Bestandteile	Struktur	Vorkommen

II. Vulkanische Gesteine

Name	Bestandteile	Struktur	Vorkommen
Quarzporphyr	Kalifeldspat, Quarz, Glimmer (aus Granit entstanden)	Grundmasse fluidal dicht mit kristall. Aussparungen	Gänge, Decken
Quarzfreier Porphyr	Kalifeldspat, Hornblende (aus Syenit entstanden)	dsgl.	dsgl.
Porphyrit	Kalknatronfeldspat, Hornblende (aus Diorit entstanden)	dsgl.	dsgl.
Melaphyr	Kalknatronfeldspat, Augit, Olivin	dicht muschlig	Gänge, Kuppen, plattenförmige Lager
Basalt	Kalknatronfeldspat, Augit, Olivin, Magneteisen auch Hornblende	homogen muschlig, glasig	dsgl.

III. Sedimentgesteine

a) Trümmergesteine

Name	Bestandteile	Struktur	Vorkommen
Sand	Quarz, Feldspat, Hornblende mit Beimengung von Ton und Kalk	ganz fein bis feinkörnig von 2—3 mm Korn	Lager und Nester
Kies	dsgl.	grobkörnig von 3—15 mm Korn	
Schotter	alle Arten Gesteine	grob, rund und eckig, 15 bis 75 mm Korn	dsgl.
Geröll und Geschiebe	alle Arten Gesteine	große und kleine runde und eckige Steine vermischt mit Grus und Ton	Schuttkegel, Bachsohlen, Moränen
Vulkanischer Sand	Lavateilchen, Feldspat, Augit, Glimmer	grobkörnig bis aschig	Nester und Gänge am Fuß von Vulkanen
Sandstein	Quarz mit verschiedenartigem aus Kalk und Ton bestehendem Bindemittel	fein und grobkörnig	Schichten, Bänke, Platten

Name	Bestandteile	Struktur	Vorkommen
Konglomerate	Grobe Stücke verschiedener Gesteine wie Quarz, Feldspat, Tonschiefer, Granit, Gneis mit verschiedenartigem Bindemittel	runde und eckige Gesteine von Bindemittel umgeben und eingebettet	geschichtet und ungeschichtet

b) Tongesteine mechanischen Ursprungs

Name	Bestandteile	Struktur	Vorkommen
Ton	Tonerdesilikat mit Beimengungen von Kalk, Gips, Magnesia, Eisen (Laterit), Quarz (Lehm)	erdig homogen	geschichtet
Kaolin	reines Tonerdesilikat	fein erdig	Nester, Bänke
Tonschiefer	wie Ton mit organischen Beimengungen	schiefrig	geschichtete
Lehm	Ton und Quarz und Glimmerstaub	dicht	Nester und Lager
Loß	Quarzsand und Ton	dicht	geschichtet

c) Sedimentgesteine chemischen Ursprungs

Name	Bestandteile	Struktur	Vorkommen
Kalkstein	Kalkspat, Magnesia, Ton, organische Beimischungen	dicht	Schichten
Mergel	Ton und Kalk mit Einlagen von Gips, Quarz und Glimmer	grob- und feinkörnig	geschichtet und ungeschichtet
Marmor	körniger Kalkspat mit Einlagen von Quarz und Glimmer	kristallinisch	Platten
Dolomit	Kalkspat, Magnesia, Kalzium, Ton	kristallinisch bis körnig	Bänke und Platten
Gips	Kalziumsulfat mit Quarz und Wasser	dicht	Bänke
Anhydrit	wie Gips ohne Wasser	mittelkörnig bis dicht	Bänke und Schichten

Zu den Sedimentgesteinen gehören noch die verschiedenen Salze, ferner die Kohlensorten und Erze, die jedoch als Baumaterial keine Verwendung finden.

3. Veränderung der Formationen. Mit der Feststellung der verschiedenen Gesteinsarten, die in der zu erkundenden Gegend angetroffen werden, ist jedoch die geologische Beobachtung nicht ab-

geschlossen. Es ist neben dieser Feststellung weiter wichtig, Beobachtungen darüber anzustellen, wie sich der Aufbau der verschiedenen Gesteine vollzieht, also ihre Lage und Stellung zu ermitteln.

Die Bildung der Erdkruste hat im Laufe der Entwicklung mannigfache Umänderungen erfahren. Diese Umänderungen äußern sich darin, daß die ursprüngliche Lage der Gesteine verändert wurde. Die dabei auftretenden Kräfte haben teils eine Aufrichtung oder Senkung der Gesteine und eine damit verbundene Faltung, Spaltung oder Verwerfung der Schichten hervorgerufen.

Um die Lage der Gesteine zueinander bestimmen zu können, wird das Streichen und Fallen der Schichten ermittelt.

Man versteht unter Streichen die Himmelsrichtung, in der das Gestein gelagert ist. Das Streichen wird mit dem Kompaß gemessen und geschieht, indem man in der Schichtungsfläche des Gesteins eine Horizontale, die Streichlinie, sich denkt und ihre Richtung mit dem Kompaß festlegt. Die Fallinie ist die Senkrechte zur Streichlinie und die Neigung dieser Senkrechten zur Horizontalebene bezeichnet man als das Fallen der Schichten.

Außer dem Streichen und Fallen der Schichten sind Beobachtungen darüber von Wert, welche Gesteinsmassen miteinander abwechseln, ob und wie harte und weiche Schichten aufeinander folgen, welche Verwitterungserscheinungen zutage treten, sowie welchen Einfluß diese Veränderungen auf den Gleichgewichtszustand der Massen ausgeübt haben oder nach ausüben (Rutschungen).

Für die Praxis wichtig sind vor allem die Veränderungen, welche durch die Tätigkeit des Wassers und des Windes hervorgerufen werden.

a) Der Einfluß und die Tätigkeit des Wassers erstreckt sich auf Veränderungen, die durch die Bewegung des Wassers an der Erdoberfläche und solche, die durch Aufsaugung von Wasser und damit verbundener mechanischer und chemischer Wirkung bedingt werden.

Der Bewegung und mechanischen Tätigkeit des Wassers verdankt die Erdoberfläche ihre mannigfaltige Gliederung, die teils durch Zerstörung, Fortführung und Ablagerung der Stoffe hervorgerufen wird.

Dem fließenden Wasser, das in Form von Bächen, Flüssen und Strömen auftritt, fällt die Aufgabe der Talbildung zu, die im Verein mit den Atmosphärilien eine Lockerung und Zerstörung der

Gesteine bewirkt, die um so größer ist, je größer die Wassermassen und die dabei auftretenden Gefällsverhältnisse sind.

Diese Leistungen äußern sich bei Gebirgsbächen in Form von Schuttkegeln, bei Flüssen in Form von Unterwaschungen der konvexen Flußufer und bei Strömen besonders in deren Unterlauf durch allmählige Ablagerung der von den Bächen und Flüssen gelösten und fortbewegten Steine. Dies hat zur Folge, daß die Sohlen der Ströme eine beständige Erhöhung erfahren, wodurch im Laufe der Zeit die Flußsohle höher als das umliegende Gelände zu liegen kommt und was dazu führt, daß der Lauf des Stromes sein Bett verändert und Überschwemmungen verursacht. In Neuländern, wo man Flußkorrektionen noch nicht kennt, ist bei der Anlage eines Verkehrsweges darauf Rücksicht zu nehmen. Es wird ohne Unterlagen über die Hochwasserverhältnisse der in Frage kommenden Flüsse in Neuländern, wo meist Pegelbeobachtungen fehlen, immer schwierig sein, die Höhenlage des Verkehrsweges richtig zu bestimmen.

Einen Anhalt hierfür bilden da nur die Hochwassermarken, die an den Ufern der Flüsse bei Bäumen, Felsen usw. zu erkennen sind. Von wesentlicher Bedeutung zur Beurteilung der Hochwasserfrage ist die Bewachsung der in Frage kommenden Gebiete.

Waldreiche Gegenden haben einen viel ausgeglicheneren Hochwasserstand, als Länder mit Steppencharakter und geringer oder fehlender Vegetation, da Hochwasser hier durch das rasche Abfließen verheerender wirken. Diesem Umstand wird am besten dadurch Rechnung getragen, indem man die Trassierung so vornimmt, daß die vorhandenen Vorflutverhältnisse möglichst unberührt bleiben.

Neben der an der Erdoberfläche sich abspielenden Tätigkeit des fließenden Wassers gibt es noch diejenige, welche unter der Erdoberfläche stattfindet. Diese Tätigkeit wird durch die Versickerung des Wassers hervorgerufen und äußert sich auf mannigfache Art, wie in Auswaschungen und dadurch bedingten Höhlenbildungen, als auch in Zerstörungen der Gesteine selbst, wodurch also die Kohäsion der Gesteine vernichtet und die einzelnen Gesteinsteilchen teils fortgewaschen, teils aufgeweicht werden. Durch Aufnahme von Wasser kann weiter auch eine Volumenveränderung eintreten, bei der durch den damit verbundenen hohen Druck eine Zerstörung des Gesteins eintritt.

Eine weitere Folge der unterirdischen Tätigkeit des Wassers sind die Gleichgewichtsstörungen in den Gesteinsmassen selbst, indem es die Rutschflächen erzeugt.

Bei der Anlage von Verkehrswegen in Neuländern ist auf diese Erscheinungen zu achten, da bei Außerachtlassung dieser Beobachtungen die anzulegenden Verkehrswege leicht einer Gefährdung oder auch Zerstörung ausgesetzt werden können.

Besonders wichtig ist die Vermeidung von Schuttkegeln und Rutschungen. Schuttkegel erkennt man an den Geröllmassen, welche die Gebirgsbäche beim Eintritt in flachere und offene Täler ablagern. Rutschungen können durch Unterwaschung weicherer Gesteinsmassen sandiger Beschaffenheit hervorgerufen werden, so daß die darüber liegenden Gesteinsmassen brechen und bei geneigter Schichtenlage dann die Felsstürze verursachen, oder sie entstehen auch dadurch, daß lehmige und tonige Schichten zwischen festen Gesteinsarten gelagert sind. Durch Aufnahme von Wasser verwandeln sich diese tonigen Schichten allmählich in eine seifige Masse, auf welcher dann die festen Schichten abgleiten, sobald der Zusammenhang dieser Schichten durch Unterwaschungen am Flußufer oder bei Anlage von Einschnitten u. dgl. unterbrochen wird. Weiter treten Rutschungen auch dann auf, wenn Gesteinsarten infolge Verwitterung und Wasseraufnahme auf geneigten undurchlässigen Schichten ruhen.

Solches Rutschgelände erkennt man an der wulstigen und wellenförmigen Gestaltung der Erdoberfläche. Die Führung von Verkehrswegen über solches Gelände soll nach Möglichkeit vermieden werden.

b) Einfluß des Windes. Neben der Tätigkeit des Wassers ist auch bei der Anlage von Verkehrswegen auf die Veränderungen zu achten, die durch die Einflüsse des Windes hervorgerufen werden.

Solche Veränderungen werden nur dort auftreten, wo die Erdoberfläche aus leicht beweglichen Massen, also Sand und Staub besteht. Es ist dies an Meeresküsten und auch in Steppengegenden zu beobachten. Die Veränderungen bestehen darin, daß diese losen Bodenmassen bewegt werden und Dünen bilden.

Auf die Anlage von Verkehrswegen sind diese Veränderungen von untergeordneter Bedeutung, da ihnen durch zweckentsprechende Maßnahmen besonders Anpflanzungen, die die Bewegung des Bodens verhindern, entgegengetreten werden kann.

VII. Wirtschaftliche Erhebungen.

1. Allgemeines. Bei der Anlage eines modernen Verkehrsweges spielen die wirtschaftlichen Verhältnisse des Landes eine entscheidende Rolle, da sich nach ihnen die Wahl und der Ausbau eines solchen Verkehrsweges richtet. Je nach dem Entwicklungsgrad dieser Verhältnisse oder der Möglichkeit ihrer Hebung wird die Anlage einer vollspurigen oder einer Schmalspurbahn oder auch einer Straße in Frage kommen.

Im allgemeinen wird man heute bei der Anlage von Verkehrswegen in Neuländern von anderen Gesichtspunkten auszugehen haben, als dies früher meist der Fall war.

Für diese Verkehrswege — Eisenbahnen — war eine Nachweisung ihrer Rentabilität Voraussetzung, ehe man der Frage ihres Baues näher trat.

Die Entwicklung der Bahnen in allen Ländern der Erde, die erst durch sie dem Verkehr erschlossen wurden, hat jedoch gezeigt, daß Voraussetzungen für die frühere oder spätere Rentabilität lediglich die mehr oder weniger starke Besiedlung des Landes und die Möglichkeit seiner kulturellen Erschließung ist.

Man wird daher heute, gestützt auf diese Erkenntnis und die Ergebnisse, die der Bau von Verkehrswegen in allen Teilen der Welt gezeitigt hat, von einem vorherigen Nachweis der Rentabilität absehen können und diese Rentabilität als gesichert annehmen dürfen, wenn sich der Nachweis erbringen läßt, daß die klimatischen und Bodenverhältnisse des betreffenden Landes entweder einer Besiedlung günstig sind, oder Bodenschätze auch ohne intensive Besiedlung eine Rentabilität gewährleisten.

Die wirtschaftliche Erschließung eines Landes durch einen Verkehrsweg ist um so größer, je mehr er die wertvollsten Bezirke dieses Landes auf dem möglichst kürzesten Wege durchschneidet und in Verbindung mit dem Weltverkehr zu bringen trachtet.

Das Einzugsgebiet eines Verkehrsweges in Neuländern bildet in der Regel ein Landstreifen, der beiderseits parallel der Bahn verläuft und dessen Breite diejenige Entfernung ist, auf die der Verkehrsweg noch Einfluß ausübt. Diese Entfernung ist einmal von dem Wert der zu befördernden Güter abhängig, als auch von der Art der Beförderungsmittel in dem betreffenden Lande, also ob Träger, Tragtiere, Wagenverkehr usw. vorhanden, und ist demnach verschieden und schwankt zwischen 50—150 km.

Um eine dem Verkehrsbedürfnis angepaßte Wahl des Verkehrsweges treffen zu können, haben sich die wirtschaftlichen Erhebungen auf die Bevölkerungsdichte des Landes, die Intensität der kulturellen Bebauung und ihre Bewirtschaftung, sowie über das Vorkommen von Bodenschätzen zu erstrecken.

Aus den Daten, welche diese Untersuchungen liefern, lassen sich dann die Feststellungen über den zu erwartenden Verkehr ableiten.

Im allgemeinen wird man hierbei folgende drei Unterscheidungen treffen können.

1. Handelt es sich um einen Verkehrsweg, der das Rückgrat des zukünftigen Verkehrsnetzes des betreffenden Landes bilden soll, also um Linien, welche die Hauptadern dieses Verkehrsnetzes darstellen, oder

2. um einen Verkehrsweg, der mehr lokalen Bedürfnissen entsprechen soll und als Zubringer an bereits bestehenden Hauptadern anzusprechen ist, oder

3. um Linien, die in der Hauptsache nur bestimmten Zwecken dienen, wie dies beispielsweise bei der Anlage einer Industriebahn der Fall ist. Hierher gehören auch die sog. strategischen Bahnen, die Landesverteidigungszwecken dienen, deren Anlage daher von wirtschaftlichen Erwägungen nur insofern berührt wird, als sie dabei mit in Berücksichtigung gezogen werden können.

Bei der Anlage von Verkehrswegen in Neuländern wird dann noch die Frage zu prüfen sein, ob der zu erstellende Verkehrsweg einem in sich abgeschlossenen Verkehrsnetz dienen, oder in Verbindung mit anderen Verkehrsnetzen kommen und dadurch einem Durchgangsverkehr nutzbar gemacht werden soll. Hiervon wird bei Bahnen insbesondere die Spurweite abhängen, in welcher sie gebaut werden soll.

2. Bevölkerungsdichte. Es wird in Neuländern schwer halten, zutreffende Angaben über die Bevölkerungsdichte des von dem Verkehrsweg zu erschließenden Landes zu bekommen. Im allgemeinen werden statistische Angaben fehlen oder falls vorhanden, nur mangelhaften Aufschluß geben können.

In solchen Ländern können auch nicht die Richtlinien Anwendung finden, welche in Kulturländern mit bereits entwickeltem Verkehrsnetz zu gelten haben. Hier kommt es darauf an, zu untersuchen, ob eine Rentabilität des zu erstellenden Verkehrsweges von vornherein nachgewiesen werden kann, dort vielmehr darauf, daß der Verkehrsweg der allgemeinen Erschließung des Landes dienstbar gemacht wird und seine Anlage daher in erster Linie den Bedürfnissen angepaßt wird, die dabei in Frage kommen.

Ist die Bevölkerungsdichte solcher Länder gering, was meist der Fall sein dürfte, so wird sie durch den zu erstellenden Verkehrsweg erst gehoben, da er dazu beiträgt, Siedlungen zu schaffen, wenn die klimatischen und Bebauungsverhältnisse des betreffenden Landes dies gestatten, oder Industrien ins Leben zu rufen, wenn die Bodenschätze des Landes sich hierzu eignen, oder beide Möglichkeiten dafür geboten sind.

Es tritt also hier der Fall ein, daß die Bevölkerungsdichte erst durch den Verkehrsweg geschaffen wird und nicht umgekehrt die Anlage des Verkehrsweges von dem Vorhandensein dicht bevölkerter Gebiete abhängt.

Im allgemeinen wird Ausgangspunkt und Endpunkt, die der Verkehrsweg miteinander verbinden soll, festliegen und es wird sich darum handeln, seine Linienführung so vorzunehmen, daß dabei Gebiete durchquert werden, die entweder bereits besiedelt sind, oder die sich dafür eignen, oder die Bodenschätze enthalten, deren nutzbringende Verwendung erst durch den Verkehrsweg ermöglicht wird. Es werden daher in der Regel verschiedene Möglichkeiten der Linienführung sich ergeben und Aufgabe der Erkundung wird es also sein, unter diesen Möglichkeiten diejenige Linie zu finden, die allen Anforderungen, die an sie gestellt werden, am besten Rechnung trägt.

3. Bebauung und Bewirtschaftung. Neben den Erhebungen über die Bevölkerungsdichte werden bei der Erkundung auch solche über die Bebauung des Landes und seine Bewirtschaftung anzustellen sein.

Hierbei wird in Neuländern mit meist geringer Bevölkerung auch die Bebauung des Landes eine geringe und den Bedürfnissen seiner Einwohner angepaßte sein. Bei der Wahl der Linienführung wird es daher weniger sich darum handeln, für die Linienführung bereits bebaute Gegenden aufzusuchen und zu durchqueren, als vielmehr darum, festzustellen, ob die Gegend, durch welche die Bahn zu führen ist, für die Bebauung und Bewirtschaftung günstig ist, oder ob es sich um sterile, wasserarme oder sonst für die Erschließung des Landes ungeeignete Gebiete handelt, deren Durchquerung nur dann am Platze ist, wenn sie nicht umgangen werden können.

Wichtig wird es allerdings sein, für die besiedelten Gebiete festzustellen, um welche Kulturen es sich handelt, die dem Verkehr erschlossen werden können, welche Mengen dabei für den Transport in Frage kommen und welche Steigerung diese Mengen durch die Anlage des Verkehrsweges erfahren können.

4. **Bodenschätze.** Ausschlaggebend für die Wahl der Linienführung eines Verkehrsweges sind die Bodenschätze, welche in dem durch ihn zu erschließenden Gebiete angetroffen werden.

Von dem Umfang und der Güte, sowie der Hochwertigkeit dieser Schätze wird die Anlage und die Ausgestaltung des Verkehrsweges stark beeinflußt. Massenförderungen wie Kohle, Erze oder auch Landesprodukte bestimmen die Linienführung eines Verkehrsweges um so mehr, als diese Güter etwa dem Weltverkehr erschlossen werden und mit anderen gleichwertigen Gütern in Wettbewerb treten sollen.

In diesen Fällen wird wegen der Höhe der Transportkosten nicht nur die Länge des Verkehrsweges von ausschlaggebender Bedeutung sein, sondern auch seine Ausgestaltung, bei Bahnen also vornehmlich die Wahl der Spurweite abhängen. Bei Verkehrswegen in unerschlossenen Ländern, welche der Rohstoffversorgung der Heimatländer dienstbar gemacht werden sollen, ist dies besonders zu beachten, da die Kosten der Rohstoffgewinnung möglichst den Weltmarktspreisen angepaßt sein sollten, um schon aus wirtschaftlichen Gründen mit diesen Preisen in Wettbewerb treten zu können.

VIII. Bauliche Betrachtungen.

Die Beobachtungen, die sich bei der Erkundung eines Verkehrsweges auf bauliche Fragen erstrecken, werden folgende Einzelheiten umfassen.

1. **Baumaterialien.** Eine der wichtigsten Fragen ist die über die Baustoffe und deren Beschaffung, denn ohne genaue Kenntnis darüber, ob die nötigen Baustoffe im Lande selbst vorhanden sind und in unmittelbarer Nähe des zu erstellenden Verkehrsweges gewonnen werden können, oder ob und welche Baustoffe etwa von auswärts zu beziehen sein werden, lassen sich die Kosten eines Baues nicht ermitteln.

Als Hauptbaustoffe, die möglichst im Lande selbst zu suchen sind, gelten Sand, Kies, Holz und Kalk. Diese Baustoffe sollten tunlichst in unmittelbarer Nähe des zu erstellenden Verkehrsweges gewonnen werden können, worauf bei der Wahl der Linienführung insofern Rücksicht zu nehmen ist, als die Gewinnung dieser Stoffe möglichst geringe Kosten verursachen sollten.

Es sind daher bei der Erkundung die Fundstellen solcher Baustoffe anzugeben und in den Routenbüchern darüber nähere Angaben zu machen. Dasselbe gilt auch über das Vorhandensein von Wasser und die Möglichkeit seiner Erschließung auch für Trinkwasser.

Im allgemeinen ist bei der Anlage von Verkehrswegen in Neuländern neben den oben angeführten Baumaterialien auch die Beschaffung von solchen Baustoffen, die als Bindemittel wie Zement, Kalk und andere Stoffe Verwendung finden, sowie auch die Beschaffung von Eisen in allen Formen von auswärts notwendig.

Für diese Materialien ist neben ihrer Beschaffung auch die Möglichkeit ihrer Löschung, Unterbringung und ihr Transport nach den Baustellen zu untersuchen.

2. **Transportverhältnisse.** Hierfür kommen zweierlei Untersuchungen in Frage,

Erstens: Der Transport der von auswärts zu beziehenden Baustoffe, Materialien und Geräte vom Gewinnungs- zum Verbrauchsland, sowie deren Auslade- und Unterbringungsmöglichkeiten am Ausladeort und ihre eventuelle Verbringung von diesem Ort zum Ausgangspunkt des neu zu erstellenden Verkehrsweges.

Zweitens: Der Transport dieser Materialien von diesem Ausgangspunkt aus, sowie aller im Lande selbst zu beschaffenden Materialien und Baustoffe usw. zu den einzelnen Baustellen längs des zu erstellenden Verkehrsweges.

Früher erfolgten diese Transporte in Neuländern auf den dort vorhandenen unbefestigten Wegen und Straßen in der Hauptsache auf landesübliche Art, d. h. mittelst Tragtieren oder Trägern oder auch auf meist zweirädrigen, von Ochsen oder Maultieren gezogenen Karren.

Es handelte sich dann nur darum, festzustellen, welche Transportmittel im Einzelfall in Frage kamen und ob diese in ausreichender Menge im Lande selbst anzutreffen, oder ob deren Beschaffung mit von auswärts vorzusehen war.

Bei dem heutigen Stand der Entwicklung der Verkehrsmittel auch für unbefestigte Wege und wegelose Gegenden wird es fraglich erscheinen, ob für die auszuführenden Transporte die landesüblichen Transportmittel weiter beibehalten, oder durch moderne Verkehrsfahrzeuge zu ersetzen sein werden.

Es ist dies in der Hauptsache eine Kostenfrage, die zu prüfen ist und wobei festzustellen bleibt, ob und welche modernen Verkehrsmittel für die in Frage stehenden Transporte sich eignen. Die Kosten hierfür sind dann unter Berücksichtigung der landesüblichen Löhne und sonstigen Lebensbedingungen des betreffenden Landes mit den bisherigen Transportmöglichkeiten und Kosten zu vergleichen und darnach zu prüfen, welcher Transportart der Vorzug zu geben ist.

3. Arbeiterverhältnisse. Ebenso wichtig wie die Untersuchung über die Transportverhältnisse ist diejenige über die Arbeiterfrage. Diese Frage wird auch durch die klimatischen Verhältnisse des betr. Landes stark beeinflußt. Für tropische Länder eignen sich als Arbeiter nur Farbige und zwar in erster Linie die Bewohner des betreffenden Landes selbst. Sind im Lande und insbesondere in der durch den Verkehrsweg zu erschließenden Gegend nicht genügend Arbeitskräfte vorhanden, so ist zu untersuchen, ob die benötigten Arbeiter nicht aus entfernteren Gegenden des Landes herangezogen werden können. Ist dies der Fall, so geschieht es meist durch Arbeiter-Anwerber, die im Lande die Arbeiter sammeln und sie dann den Baustellen zuführen. Kommt aber die Einführung farbiger Arbeiter von auswärts in Frage, so ist zu untersuchen, von woher diese Arbeitskräfte am besten bezogen werden, welche Kosten ihre Einführung verursacht, sowie ob und welche fremden Arbeitskräfte in dem betreffenden Lande einzuführen erlaubt ist.

Neben der Frage der Arbeiterbeschaffung spielen die Löhne eine wichtige Rolle. In Ländern mit geringer Kulturentwicklung werden in der Hauptsache ungelernte Arbeiter anzutreffen sein, die meist niedrige Löhne beziehen. Für diese Arbeiter wird der Lohn den Sätzen entsprechen, die landesüblich sind, wobei allerdings zu berücksichtigen bleibt, daß infolge großer Nachfrage nach Arbeitskräften die Löhne sich nicht auf der Stufe halten werden, die vor Inangriffnahme der Arbeiten gezahlt wurden.

Für gelernte Arbeiter bleibt zu untersuchen, ob solche Kräfte im Lande vorhanden sind, welche Löhne sie erhalten und wie ihre Leistungen zu bewerten sind.

Sind gelernte Arbeiter von auswärts zu beschaffen, so bleibt zu untersuchen, ob hierfür farbige oder weiße Kräfte zweckdienlich sind, oder ob beides am Platze ist.

Neben diesen Fragen bleibt dann noch festzustellen, ob und welche behördlichen Vorschriften etwa für die einheimischen und farbigen Arbeitskräfte in bezug auf Anwerbung, Löhnung, Unterbringung und Verpflegung bestehen.

4. Unterkunft und Verpflegung. Bei der Erstellung von Verkehrswegen in Neuländern sowie von der Kultur wenig erschlossenen und dünn bevölkerten Gebieten, wird es meistens kaum möglich sein, größere Arbeitermassen aus den Erträgnissen der Gegend zu ernähren, durch welche der Verkehrsweg führt, sondern es wird nötig sein, die Verpflegung der Arbeiter anderweitig sicher zu stellen.

Es gehört also mit zu den Aufgaben der Erkundung, festzustellen, ob und welche Erzeugnisse des Landes im Bereich des zu erstellenden Verkehrsweges unmittelbar für die Verpflegung der Arbeiter nutzbar gemacht werden können, oder ob es ratsam ist, daselbst besondere Verpflegungsfarmen anzulegen, oder ob der übrige Teil der Verpflegung anderweitig im Lande gewonnen und herbeigeschafft werden kann oder ob und welche Mengen der Verpflegung von auswärts zu beziehen sein werden und um welche Erzeugnisse es sich dabei handelt.

Ist es möglich, die Verpflegung im Lande sicherzustellen, so ist Aufschluß darüber nötig, auf welche Weise die Zufuhr geregelt wird, oder ob hierfür erst geeignete Einrichtungen ins Leben gerufen werden müssen.

Für etwa von auswärts zu beziehende Lebensmittel bleibt neben ihrer Beschaffung auch ihre zweckentsprechende Lagerung und ihre Transportweise ins Innere des Landes zu untersuchen.

Neben der Verpflegung spielt auch die Unterkunft der Arbeiter eine wichtige Rolle. Im allgemeinen wird die Unterkunft der einheimischen Arbeiter den Landesgepflogenheiten anzupassen sein, für die von auswärts zu beziehenden Arbeiter sich nach deren Gewohnheiten richten und den klimatischen Verhältnissen sowie den damit in Zusammenhang stehenden gesundheitlichen Anforderungen zu entsprechen haben. Es bleibt festzustellen, ob die Unterkunftsräume aus Materialien des Landes, die an Ort und Stelle zu erhalten sind, erstellt werden können, oder ob dies nicht der Fall ist und entweder Zelte oder Arbeiterbaracken vorzusehen sein werden.

Da von einer zweckdienlichen Unterbringung der Arbeiter auch deren Gesundheitszustand hervorragend beeinflußt wird, so sind bei der Untersuchung hierüber auch die sanitären Anforderungen nicht unberücksichtigt zu lassen.

IX. Generelle Festlegung des Verkehrsweges.

1. Allgemeine Vorschriften. Bei Anlage eines Verkehrsweges sind in den meisten Kulturländern allgemeine Vorschriften zu beachten, die dafür erlassen worden sind. Diese Vorschriften erstrecken sich sowohl auf wirtschaftliches als auch auf technisches Gebiet.

Für Neuländer werden solche Vorschriften meist nicht bestehen, da die meisten von ihnen aber allgemeine Gültigkeit haben, so werden sie auch hier zu beachten sein. Dies gilt insbesondere für die technischen Forderungen. So werden beispielsweise die für Bahnen allgemein anerkannten Regeln über die Lage der Bahn zum Hochwasser, bei der Überbrückung von Flüssen, bei der Bestimmung der zulässigen Krümmungs- und Steigungsverhältnisse usw. sinngemäß Anwendung zu finden haben, dies um so mehr, als etwa der zu erschließende Verkehrsweg an den Weltverkehr angeschlossen werden soll. Bei der Festlegung der Linienführung von Bahnen ist die Wahl ihrer Spurweite ein wichtiger Faktor.

Bei dem heutigen Stand in der Entwicklung der Verkehrsmittel kommt der Spurweite der Bahnen allerdings nicht mehr die große Bedeutung zu, die diese Frage früher hatte.

Bei Bahnen in Neuländern wird die Meterspur oder Kapspur (1,06 m) auch für solche Bahnen ausreichend sein, die als Hauptbahnen überall da in Frage kommen, wo diese Bahnen keinem internationalen Verkehr dienen oder nicht mit Verkehrsnetzen anderer Spurweite in Verbindung zu bringen sind.

Die richtige Wahl der Spurweite einer Bahn ist in Neuländern insofern von großer Bedeutung, als von ihr die Höhe der Baukosten der Bahn, ihre Leistungsfähigkeit und ihre Rentabilität abhängt.

Ebenso wichtig wie die Wahl der Spurweite ist bei Bahnen die richtige Bemessung ihrer jeweils in Frage kommenden maßgebenden Krümmungs- und Steigungsverhältnisse.

Mit Rücksicht auf die Verkehrssteigerung, die der Verkehrsweg mit sich bringt, sollte darauf geachtet werden, daß bei der Festlegung der Linienführung diesem Umstand dadurch Rechnung getragen wird, als bei der Bemessung der Höchstmaße diese, soweit wirtschaftlich vertretbar, in weiten Grenzen gehalten werden.

Fehler in der Wahl der Linienführung, der Bemessung der Spurweite und der zulässigen stärksten Steigungs- und Krümmungsverhältnisse haben schon oft zur Folge gehabt, daß die spätere Beseitigung dieser Fehler sehr erhebliche Kosten verursachte, abgesehen davon, daß sie auf die wirtschaftliche Entwicklung des Landes hemmend wirkten.

2. **Linienführung.** Wenn nicht besondere Umstände es erfordern, wird bei der Erstellung eines Verkehrsweges zwischen zwei Punkten ihre möglichst kürzeste Verbindung anzustreben sein.

Die Erkundung wird also von vornherein, wenn solche Punkte gegeben sind, einen Weg zu nehmen haben, der dieser Forderung am nächsten kommt.

Im Flachland kann dieser Aufgabe meistens mehr oder weniger leicht entsprochen werden, da hier die Linienführung nur dann von der tunlichst kürzesten Verbindung zwischen Anfangs- und Endpunkt abweichen wird, wenn entweder abseits dieser Verbindung liegende besonders wertvolle Gebiete, sei es in bezug auf Bebauung, Bevölkerungsdichte oder Bodenschätze usw. an den Verkehrsweg angeschlossen werden sollen, oder ungeeignete Gebiete, wie Sumpfstrecken, Überschwemmungsgebiete u. dgl. zu umgehen sind.

Aufgabe der Erkundung ist es daher, hier unter Beachtung aller maßgebenden Gesichtspunkte in wirtschaftlicher und baulicher Beziehung die in Frage kommende Gegend zu bereisen und alle nötigen Daten und Unterlagen zu sammeln, um an Hand derselben dann einen Plan der bereisten Gegend herzustellen und darin die Lage der zweckdienlichsten Linienführung generell festlegen zu können.

Schwieriger gestaltet sich die Erkundung im hügeligen Gelände. Hier sind die Möglichkeiten einer tunlichst kürzesten Verbindung zwischen Ausgangs- und Endpunkt des Verkehrsweges, abgesehen von wirtschaftlichen Fragen, vornehmlich auch durch die topographischen Verhältnisse des Landes bestimmt.

Die Erkundung folgt hier meist den Tälern, die in Richtung der durch den Verkehrsweg zu erschließenden Gegend verlaufen, wobei bei Überschreitung von Wasserscheiden die tiefst gelegenen Sättel aufzusuchen sind.

Es sind daher, ehe die Festlegung der geeignetsten Linienführung erfolgen kann, die Höhen der in Frage kommenden Sättel der Wasserscheiden zu ermitteln und ist zu prüfen, ob nicht etwa mehrere Lösungen miteinander zu vergleichen sind.

Die Sättel bilden die Zwangspunkte in der Linienführung. Von ihrer Lage und Höhe hängt es ab, welchen Weg die Trasse zu nehmen hat, auch bestimmen sie wesentlich die Steigungs- und Krümmungsverhältnisse des Verkehrsweges.

Handelt es sich nicht um ausgesprochene Talbildungen mit Wasserscheiden, sondern nur um Hügelgelände an und für sich, so sind auch hier in Richtung der Erkundung die günstigsten Übergänge zwischen den einzelnen Hügelketten durch Höhenbestimmungen zu ermitteln und als Zwangspunkte in der Linienführung festzulegen.

Wird auf diese Weise bei der Erkundung der allgemeine Verlauf der Trasse des Verkehrsweges bestimmt, so bleibt, wenn mehrere Möglichkeiten dafür bestehen, noch zu untersuchen und darzutun, welcher von diesen Linien in technischer und wirtschaftlicher Hinsicht der Vorzug zu geben ist.

X. Kostenschätzung.

An Hand der Erkundungspläne, der topographischen und geologischen Verhältnisse des durch den Verkehrsweg zu erschließenden Geländes, sowie unter Berücksichtigung aller Faktoren, welche in baulicher Hinsicht in Frage kommen, läßt sich eine Schätzung der Kosten des zu erstellenden Verkehrsweges vornehmen.

Diese Schätzung wird von verschiedenen Faktoren abhängen, die dabei zu berücksichtigen bleiben und erfordert außer Sachkenntnis auch ein ausgeprägtes praktisches Gefühl und Erfahrung.

Allgemein wird man dabei von folgender Einteilung auszugehen haben.

1. Leichtes Gelände. Darunter ist ebenes oder leicht welliges Gelände zu verstehen, in welchem nur geringe Erdbewegungen zur Herstellung des Bahnkörpers des Verkehrsweges auszuführen sind, also niedrige Dämme, oder Gelände, in welchem flache Einschnitte und niedrige Dämme in leichten Bodenarten im Ausgleich miteinander abwechseln, sowie Gelände, in welchem nur verhältnismäßig geringe Kunstbauten, also kleine Brücken und Durchlässe auszuführen sind.

2. Mittleres Gelände. Es entfällt hierauf Gelände, in welchem größere Einschnitte mit höheren Dämmen abwechseln oder längere höhere Dammstrecken, die aber meist aus Bodenarten bestehen, die verhältnismäßig leicht zu gewinnen sind.

Entsprechend den größeren Erdarbeiten werden auch die zu erstellenden Kunstbauten teurer. Hierher gehören auch Strecken, auf denen bei verhältnismäßig sonst geringeren Arbeiten größere Brückenbauten vorkommen

3. Schwieriges Gelände. Als solches Gelände gelten die Gebirgsstrecken, auf denen nicht nur große Erdmassen zu bewegen sind, sondern auf denen hauptsächlich Felsmassen sowie Tunnels und teure Kunstbauten vorkommen.

Die Schätzung der Kosten erfolgt in der Weise, daß an Hand des Erkundungsplanes die Kilometer ermittelt werden, welche unter die drei Geländegruppen entfallen. Die Anzahl der Kilometer jeder Gruppe wird alsdann mit dem Satz multipliziert, der sich an Hand der Einzelermittlungen für die Kosten pro Kilometer jeder Gruppe errechnet und darnach die schätzungsweisen Gesamtkosten des Baues errechnet.

Die kilometrischen Einzelermittlungen umfassen z. B. bei Bahnen außer den Grunderwerbskosten, die von Fall zu Fall sich richten, folgende Positionen.

1. Erdarbeiten,	5. Installation,
2. Kunstbauten,	6. Verwaltungskosten,
3. Oberbau,	7. Insgemein.
4. sonstige Bauten,	

Für die einzelnen Geländegruppen können die schätzungsweisen Kosten in Prozenten der Gesamtsumme wie folgt in Ansatz gebracht werden.

Pos.	Leichtes Gelände %	Mittleres Gelände %	Schwieriges Gelände %
1	20	25	30
2	14	18	22
3	32	24	16
4	12	10	7
5	5	7	9
6	7	8	10
7	10	8	6

Die Gesamtkosten eines Verkehrsweges sind von den mannig-
fachsten Faktoren abhängig. Sie werden einerseits nach den technischen und wirtschaftlichen Anforderungen, diean den Verkehrsweg gestellt werden, sich richten und auch da von abhängig sein, wie in dem betreffenden Land die Lebens- und
Lohnverhältnisse, die Währung und andere Fragen, welche auf
die Höhe der Kosten von wesentlichem Einfluß sind, sich gestalten.

Für Bahnen können hierfür als Anhalt die Kosten dienen, die
sich in Deutschland für die einzelnen Bahngattungen und Gelände-
verhältnisse errechnen.

Diese Kosten betragen für 1 km Bahn in RM:

Geländeart	Vollspurige Bahnen	1 m spurige Bahnen	Geringere Spurweiten
Flachland	50—100 000	20— 40 000	15—30 000
Hügelland	70—120 000	30— 70 000	25—45 000
Gebirge	100—200 000	60—110 000	35—70 000

und gelten für die unteren Grenzen für Bahnen mit leichtem Ausbau und geringeren Verkehrsanforderungen, für die oberen Grenzen
für solche mit einem Ausbau für stärkere Verkehrsansprüche, sie
enthalten nicht die Kosten für vollspurige Hauptbahnen im Hoch-
gebirge und solchen internationalen Verkehrsansprüchen Rechnung
tragend. Hierfür sind die Kosten von Fall zu Fall zu errechnen.

Bei der überschläglichen Ermittlung der Kosten der Verkehrswege für analoge Verhältnisse in Neuländern sind die Lohnsätze,
Transportkosten und Leistungen sowie die Währung des betreffenden Landes im Vergleich mit den deutschen Verhältnissen zu
bringen und ist darnach der Faktor zu bestimmen, mit welchem
die obigen Sätze zu multiplizieren sind, um für das betreffende
Land Anwendung finden zu können.